高含硫气田职工培训教材

高含硫气田井控技术

苏国丰　编著

中国石化出版社

图书在版编目(CIP)数据

高含硫气田井控技术 / 苏国丰编著.
—北京：中国石化出版社，2013.12(2016.1 重印)
高含硫气田职工培训教材
ISBN 978-7-5114-2463-1

Ⅰ.①高… Ⅱ.①苏… Ⅲ.①高含硫原油-气田开发-井控-职业培训-教材 Ⅳ.①TE37

中国版本图书馆 CIP 数据核字(2013)第 290386 号

中国石化出版社出版发行
地址:北京市东城区安定门外大街 58 号
邮编:100011　电话:(010)84271850
读者服务部电话:(010)84289974
http://www. sinopec-press. com
E-mail:press@ sinopec. com
北京艾普海德印刷有限公司印刷
全国各地新华书店经销
*
787×1092 毫米 16 开本 11.5 印张 280 千字
2014 年 1 月第 1 版　2016 年 1 月第 2 次印刷
定价:46.00 元

序

2003年，中国石化在四川东北地区发现了迄今为止我国规模最大、丰度最高的特大型整装海相高含硫气田——普光气田。中原油田根据中国石化党组安排，毅然承担起了普光气田开发建设重任，抽调优秀技术管理人员，组织展开了进入新世纪后我国陆上油气田开发建设最大规模的一次“集团军会战”，建成了国内首座百亿立方米级的高含硫气田，并实现了安全平稳运行和科学高效开发。

普光气田主要包括普光主体、大湾区块（大湾气藏、毛坝气藏）、清溪场区块和双庙区块等，位于四川省宣汉县境内，具有高含硫化氢、高压、高产、埋藏深等特点。国内没有同类气田成功开发的经验可供借鉴，开发普光气田面临的是世界级难题，主要表现在三个方面：一是超深高含硫气田储层特征及渗流规律复杂，必须攻克少井高产高效开发的技术难题；二是高含硫化氢天然气腐蚀性极强，普通钢材几小时就会发生应力腐蚀开裂，必须攻克腐蚀防护技术难题；三是硫化氢浓度达1000ppm（$1ppm = 1 \times 10^{-6}$）就会致人瞬间死亡，普光气田高达150000ppm，必须攻克高含硫气田安全控制难题。

经过近七年艰苦卓绝的探索实践，普光气田开发建设取得了重大突破，攻克了新中国成立以来几代石油人努力探索的高含硫气田安全高效开发技术，实现了普光气田的安全高效开发，创新形成了“特大型超深高含硫气田安全高效开发技术”成果，并在普光气田实现了工业化应用，成为我国天然气工业的一大创举，使我国成为世界上少数几个掌握开发特大型超深高含硫气田核心技术的国家，对国家天然气发展战略产生了重要影响。形成的理论、技术、标准对推动我国乃至世界天然气工业的发展作出了重要贡献。作为普光气田开发建设的实践者，感到由衷的自豪和骄傲。

在普光气田开发实践中，中原油田普光分公司在高含硫气田开发、生产、集输以及HSE管理等方面取得了宝贵的经验，也建立了一系列的生产、技术、操作标准及规范。为了提高开发建设人员技术素质，2007年组织开发系统技术人员编制了高含硫气田职工培训实用教材。根据不断取得的新认识、新经验，先后于2009年、2010年组织进行了修订，在职工培训中发挥了重要作用；2012年组织进行了全面修订完善，形成了系列《高含硫气田职工培训教材》。这套教材是几年来普光气田开发、建设、攻关、探索、实践的总结，是广大技术工作者集体智慧的结晶，具有很强的实践性、实用性和一定的理论性、思想性。该教材的编著和出版，填补了国内高含硫气田职工培训教材的空白，对提高员工理论素养、知识水平和业务能力，进而保障、指导高含硫气田安全高效开发具有重要的意义。

随着气田开发的不断推进、深入，新的技术问题还会不断出现，高含硫气田开发和安全生产运行技术还需要不断完善、丰富，广大技术人员要紧密结合高含硫气田开发的新变化、新进展、新情况，不断探索新规律，不断解决新问题，不断积累新经验，进一步完善教材，丰富内涵，为提升职工整体素质奠定基础，为实现普光气田“安、稳、长、满、优”开发，中原油田持续有效和谐发展，中国石化打造上游“长板”作出新的、更大的贡献。

2013 年 3 月 30 日

前　言

普光气田是我国已发现的最大规模海相整装高含硫气田，在国内没有成功开发同类气田的先例，在世界范围也属于难题。普光气田开发建设以来，中原油田普光分公司作为直接管理者和操作者，逐步积累了一套较为成熟的高含硫气田天然气开发、生产、集输和 HSE 管理等方面的经验。为全面总结高含硫气田开发管理经验，固化、传承、推广好做法，夯实自身培训管理基础，同时也为同类气田开发提供借鉴，根据气田开发生产工作实际，组织开发系统技术人员，以建立中国石化高含硫气田职工培训示范教材为目标，在已有自编教材的基础上，编著、修订了系列《高含硫气田职工培训教材》。本套教材涵盖了井控技术、采气工、输气工、化验工、综合计量工、仪表维修工、污水处理工和注水泵工等 8 个重点专业，每个专业单独成册，总编杨发平。

《高含硫气田井控技术》为专业技术培训类教材，侧重于现场管理和实际操作培训，内容与国标、行标、企标要求相一致，符合现行开发政策和现场操作规范，具有较强的适用性、先进性和规范性，可以作为高含硫气田职工培训使用，也可为高含硫气田开发研究和教学、科研提供参考。本册教材主编苏国丰，副主编洪祥、姚光明；内容共分 12 章，涵盖了高含硫气田井控技术专业基础知识和现场操作规程，其中概述由赵谦、肖永发、张房编写，第一至四章由赵谦、白芳芳、段勇编写，第五章由吴晓磊、曾立、张房编写，第六章由徐剑明、刘进余编写，第七章由王国昌、张房编写，第八章由林雷编写，第九章由谷建、肖广文编写，第十至十二章由肖永发、张世杰、张军编写；参加编审的人员有古小红、何伟、彭鑫岭、洪祥、刘方检、程虎、冯逍、徐新波、杨华伟、程国勋等。

在本套教材编著过程中，各级领导给予了高度重视和大力支持，陈惟国同志对做好教材编著工作多次作出指导，刘地渊、熊良淦、张庆生、姜贻伟、陶祖强对教材进行了审定，多位管理专家、技术骨干、技能操作能手为教材的编审贡献了智慧、付出了辛勤劳动，编审工作还得到了中原油田培训中心普光项目部的大力支持，中国石化出版社对教材的编审和出版工作给予了热情帮助，在此一并表示感谢！

高含硫气田开发生产尚处于起步阶段，在管理经验方面还需要不断积累完善，恳请同志们在使用过程中多提宝贵意见，为进一步完善、修订提供借鉴。

前言

目　　录

基础知识篇

专业知识篇

法律法规篇

基础知识篇

第1章

井控基本知识

井控是指油田企业在油气井勘探开发全过程的油气井、注水（气）井的控制与管理，涵盖了钻井、测井、录井、测试、井下作业、采油气、注水（气）和报废井弃置处理等各生产环节井的控制与管理。所以，井控管理是一项系统工程，涉及井位选址、地质与工程设计、设备配套、安装维修、生产组织、技术管理、现场管理等工作，需要计划、财务、设计、地质、生产、工程、装备、监督、培训、安全等部门相互配合，共同做好井控工作。

本章阐述采气井控的概念、压力的概念及相互关系、井喷失控的危害与预防等内容。

一般根据施工作业环境中井控作业的特点不同，可分为钻井井控、井下作业井控及采油采气井井控三大阶段。钻井井控主要是钻井过程中的压力控制。井下作业井控主要是油气井在中途测试、完井测试、压裂酸化、冲砂防砂、修井等作业过程中的压力控制。采油采气井井控主要是采油采气井、注入井、长停井及废弃井压力的安全控制。井控即油气井不同环节的压力控制，井控技术就是对油气井压力控制的技术。

1.1 采气井控的基本概念

1. 采气井控

采气井控是指对采气井（包括注入井）日常生产、维护过程中的安全控制及长停井、废弃井的井控管理。主要包括采气井、注入井、长停井及废弃井的井控管理。采气井控与钻井井控、作业井控有着本质的区别，按紧急程度不同也可以分为三级井控。

1）一级井控（又叫初级井控）

指正常生产状态下采气的安全控制。其生产参数正常，所有井控设备工作正常，井口、流程无泄漏现象，生产井处于安全控制之中。

2）二级井控

生产参数发生异常，或井筒、井口、控制系统出现了异常，对气井的安全生产构成了一定威胁，但能依靠井下、地面设备加以控制，使异常情况得到及时处理，重新恢复到一级井控（初级井控）状态。

3）三级井控

井下和地面设备不能对气井的生产加以控制，甚至威胁到生产井、人员及周围环境的安全，通过使用适当的技术与设备可重新恢复对气井的控制，达到一级井控（初级井控）状态。

一般来讲，我们要力争使采气井处于一级井控状态（初级井控），做好应急准备，当气井生产发生异常时，能够及时准确地加以处理，恢复气井的正常生产和安全控制，确保二级井控，杜绝三级井控。

做好井控工作要做到“三早”：早发现异常，早认真确认，早科学处置。

2. 含硫化氢天然气

天然气的总压等于或大于 0.4MPa，并且气体中硫化氢分压等于或高于 0.0003MPa；或硫化氢含量大于 75mg/m^3（50ppm）的天然气。

3. 硫化氢分压

在相同温度下，一定体积天然气中所含硫化氢单独占有该体积具有的压力。

4. 二氧化碳分压

在相同温度下，一定体积天然气中所含二氧化碳单独占有该体积具有的压力。

5. 三高井

三高井是指同时具有高产、高压、高含 H_2S 特征的井。其中“高产”是指天然气无阻流量达 $100\times10^4m^3/d$ 及以上；“高压”是指地层压力达 70MPa 及以上；“高含 H_2S”是指地层气体介质 H_2S 含量达 1000ppm。

6. 硫化氢的爆炸极限

硫化氢的爆炸极限是指硫化氢气体与空气混合后能够造成爆炸的浓度范围。硫化氢的爆炸极限为 4.3%~46%。

7. 阈限值

阈限值是指几乎所有工作人员长期暴露都不会产生不利影响的某种有毒物质在空气中的最大浓度。硫化氢的阈限值为 10ppm（15mg/m^3）。

8. 安全临界浓度

安全临界浓度是指工作人员在露天安全工作可接受的硫化氢最高浓度。硫化氢的安全临界浓度为 20ppm（30mg/m^3）。

9. 危险临界浓度

危险临界浓度是指达到此浓度时，对生命和健康会产生不可逆转的或延迟性的影响。硫化氢的危险临界浓度为 100ppm（150mg/m^3）。

1.2 高含硫化氢气田井控特点、危害、对策

1.2.1 高含硫化氢气田井控的特点

采气井控与钻井井控、井下作业井控相比具有以下特点。

1.2.1.1 井控范围不同

钻井井控、井下作业井控主要强调的是通过一定的设备和技术使作业过程中井筒的压力处于相对平衡状态，保证钻井或井下作业施工安全顺利地进行。采气井的井控指的是在整个采气井生产的全过程中，维护井的正常生产要同时考虑压力流体的性质及注入井、长停井、废弃井的安全处置，只考虑单一的压力控制无法维持高含硫化氢气田的正常生产。

1.2.1.2 针对的工况不同

钻井井控与井下作业井控的工况主要包括钻井、录井、测井、井下作业等。采气井的井控工况主要包括采气井、注入井、长停井、废弃井等的生产与管理各个环节的安全控制。

1.2.1.3 引起失控的原因不同

钻井、井下作业过程中的井喷失控主要是由于压力控制不到位，井内压力的近平衡状态

被破坏，地下的流体大量无序地涌出，对人员和设备造成的损害。采气井失控主要是因为在生产过程中由于各种原因而造成的现有设备对气体的流动不能加以有效地控制，气井生产过程无法维持正常，以至于出现大量的气体泄漏，严重地威胁到生产井、人员及周围环境的安全。

1.2.1.4　井控设备与井控技术不同

钻井井控、井下作业井控的井控设备主要有井口防喷器、管柱内防喷工具、井控仪器仪表等。采气井的井控设备主要是井口装置及地面生产流程，对于高压、高产或含硫介质的采气井，井控设备还要求有井下安全阀（SCSSV）、井口安全阀和自动控制系统等。

钻井井控、井下作业井控主要利用一系列的措施和设备使井下压力恢复近平衡状态。采气井井控一般是通过正确选用、规范操作相关的设备，实现对采气井生产的有序管理。只有当井口和井下设备都无法控制时，才通过压井作业等措施，借助近平衡原理达到安全修井重新恢复生产的目的。

1.2.2　高含硫化氢气田井喷失控的危害

（1）井喷失控会造成硫化氢气体大量外泄，危害岗位员工和周边居民的生命安全。

（2）井喷失控会造成设备、设施损坏，财产损失巨大。

（3）井喷失控污染环境，给周边河流、林场等造成污染，

（4）井喷失控及处置会伤害油气层，破坏地下油气资源。

（5）井喷失控会影响周边居民正常生产和生活，打乱正常工作秩序。

（6）井喷失控会影响气井正常生产，涉及面广，易造成不良的社会影响。

1.2.3　高含硫化氢气田井喷失控的原因

1.2.3.1　固井质量不好

钻井过程中由于固井质量不好，出现了套管与井壁之间或套管与套管间的窜气现象，使得气体在井口没法得到很好的控制。特别是高压高产井，出现这种情况时将严重威胁井和人员的安全。

1.2.3.2　井下管柱、井口装置、生产流程设计不合理

对地层压力、气井产能、有毒有害气体的含量等估计不足，造成井下管柱、井口装置、采气流程的设计不合理，从而对气井的后期生产带来安全隐患。

1.2.3.3　操作不当

生产过程中，一些人为的操作不当可能造成采气井的失控。如当地面流程设备生产异常时，没有及时发现及时处置。当井口控制失效时，没有及时关闭井下安全阀（SCSSV）等，都有可能引发采气井的失控。

1.2.3.4　日常管理不到位，监测手段有限

在生产过程中高含硫化氢气流会对生产设备产生冲蚀或腐蚀，因此在生产过程中应定期采取针对性的维护措施，定期地对设备进行标定与实时监测。另外，节流降压时由于节流效应可能出现水合物或硫沉积堵塞现象，如果不及时解堵，压力的异常也有可能危及地面流程设备的安全，引起油气井失控。

1.2.3.5 邻井作业的干扰

相邻井的作业引起生产井的压力异常增高，导致采油采气井的生产改变。DKJ1 井的井口失控就是典型例子（见后面章节）。

1.2.4 高含硫化氢气田井控管理的对策

1.2.4.1 正确认识高含硫化氢气田的井控工作

1. 钻井过程、作业过程、采气生产过程中都存在井控风险

在过去的几十年，人们普遍认为井喷失控主要在钻井、作业过程中，认为生产过程中一般不会发生井喷失控事故。随着普光气田的开发，井控风险不确定因素增多，高含硫化氢井控管理经验匮乏，技术还不成熟。20 世纪五六十年代钻探的废弃井资料少，井下风险不清楚，管控难度大。普光气田部分生产井［套管含硫化氢、环空保护液不达标、井下有落鱼、套管变形、管柱不完善、未下井下安全阀（SCSSV）］危险有害因素多，天然气中高含硫化氢和二氧化碳，易因腐蚀等发生井喷失控事故。

2. 特殊生产井安全风险高，避险措施有限

普光气田因地质、钻井、作业等原因，造成部分气井套管环空压力异常、套管含硫化氢、井下有落鱼、井下无安全阀、套管变形，监测手段少，治理措施和技术有限，井筒隐患避险措施有限，安全风险高，管理难度大。

1.2.4.2 科学的应对高含硫化氢气田的井控管理

过去的井控工作主要着重于钻井和井下作业方面，对于采气井的井控工作重视程度不够，也没有统一的规范要求、统一的井控培训教材，导致采气井的安全管理工作存在较大的隐患。为了强化高含硫化氢气田开发全过程井控管理，严防井喷失控及 H_2S 等有毒有害气体泄漏事故的发生，保障人们生命财产安全与保护环境、维护社会稳定。要做好采气井的井控工作，应从九大环节开展工作：

1. 增强井控意识

牢固树立“井控风险是安全管理中最大风险”的风险观，始终将防范井控事故作为重中之重。

2. 落实井控责任

依据中国石化石油与天然气井控管理规定（中国石化安［2011］907 号），结合工作实际，分系统、分专业、分岗位，制定井控职责，将井控职责落实到每名领导、每个科室、每个单位、每个岗位、每名人员，建立完善自上而下的井控责任体系，做到职责清晰，分工明确。严格按照“谁主管、谁负责”、“谁经手、谁负责”、“谁下令、谁负责”的原则，落实井控责任，建立一支强有力的井控管理队伍。

3. 强化井控培训

以中国石化集团公司、普光分公司井控管理 17 项制度为指导，分重点、分对象、分级别的实施差别化、人性化的培训，增强全员的井控意识，提高执行井控制度的主动性和规范性。

4. 定期开展井控检查，召开例会制度

井控隐患是事故的根源和导火索，根据井控管理制度，建立并完善井控检查项目，定期

开展井控检查，发现隐患及时处置，并上报或通过例会做出整改隐患的科学决策，保障井控安全的合理投入。

5. 强化井控日常管理

按照“落实责任、强化执行、严格考核”的管理思路，围绕井控工作难点和重点，强化井控工作的日常管理、计划管理、基础管理、预防管理。通过井控标准化管理，实现井控装置的维护保养和井控资料、台账、记录的规范化。

6. 井控装备要配套

完善的井控工艺技术要有合适的井控装备来支撑，在采油采气生产过程中，井控成功与否同装备是否配套有着很大的关系。要求在生产过程中，井下管柱、井口装置（图 1－1）、地面流程的设计都应该与井的地层压力、流体性质、油气井产能相配套。对于特殊井还应该根据其特点选用相适应的材质。

7. 实时生产监测，重视异常井井控管理

1）实行气井分类管理

将套压异常井、油套含硫化氢井、井下落鱼井、井下无安全阀井、提前坐封井作为重点井控监管对象，取全、取准各项生产数据，加密压力检测、环空取样分析和气井动态分析，清楚掌握气井生产运行状况，科学控制套管压力并建立压力放空记录，发现问题立即汇报并处理，确保异常生产井安全平稳运行。

2）安装套压放喷管汇，严格压力控制

高含硫气田的井控装置面临应力开裂、氢脆开裂，电化学腐蚀等诸多不利因素，地下情况千变万化，随时有可能发生井控装置失效、压力超压、硫化氢外逸的风险，为了及时消除井喷失控的风险，在高含硫气田井口安装套压放喷管汇，紧急情况下可以进行放喷处置。

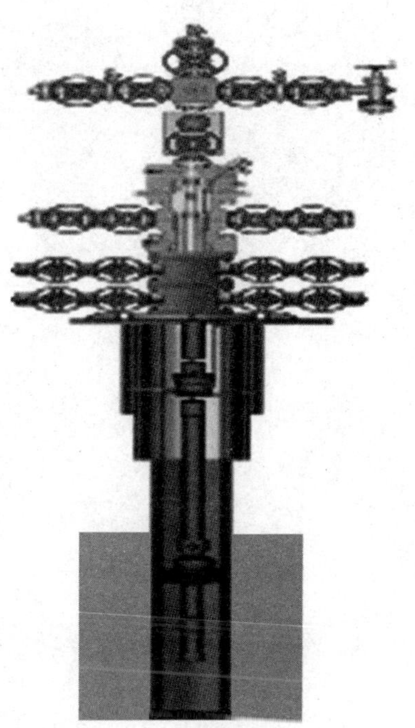

图 1－1　高含硫生产井口装置

3）开展采气树壁厚检测，强化井控装置管理

高含硫气田井控装置面临应力开裂、氢脆开裂，电化学腐蚀等诸多不利因素。为了消除不安全因素，防止井控装置失效引起井喷事故，定期对井控装置进行监测，发现问题及时处理，确保井控装置处于良好状态。

4）做好环空保护液的监测

为了保护套管不被腐蚀，高含硫气井井筒加注环空保护液，要定期开展环空保护液的监测工作，分析酸碱度、成分的变化等，使环空保护液处于良好状态，确保腐蚀速度控制在标准之内。

5）做好环空气体监测

油套、技套出现硫化氢气体后，因应力开裂、氢脆开裂、电化学腐蚀造成井喷事故的风险加大。要加强油套、技套环形空间的硫化氢气体监测，做到早发现、早控制，消除事故隐患，防止井喷失控事故的发生。

思　考　题

1. 采气井控与钻井井控、作业井控有哪些区别和特点？
2. 采气井口失控有哪些危害？
3. 如何做好采气井控工作？
4. 采气井控的主要工作内容有哪些？如何分级？

第2章

井内气体的膨胀和运移

生产井投产前要经过通井、射孔、酸压等程序；投产后由于地层压力变化、流体的腐蚀，不能完全保证生产过程中井筒的完整性，这样就需要通过井下作业过程正常投产或恢复正常生产。气体有溶解、膨胀和易燃易爆的特性，使井控过程复杂，气体溢流是井下作业过程中最大的隐患。天然气侵入井内的方式与在井内的运动状态都不同于油侵和水侵，特别是高含 H_2S 与 CO_2 的气体溢流，如果处理不当极容易引发恶性井喷事故。对于高含硫气井，井控安全是重中之重。

2.1 气体的来源及特性

2.1.1 气体的来源

1. 岩屑气侵

在钻开气层的过程中，随着岩石的破碎，岩石孔隙中的天然气被释放出来而侵入作业流体。侵入天然气量与岩石的孔隙度、含气饱和度、井径、机械钻速和气层的厚度等有关。如果是薄气层，就没有多少天然气侵入作业流体；如果是钻开大段气层时，应控制机械钻速，从而控制单位时间内侵入作业流体中的天然气量。天然气被循环到地面后，应进行地面除气，减小天然气对作业流体柱压力的影响。

2. 浓度扩散侵入

气层中的气体透过泥饼向井内扩散，侵入作业流体。扩散进入井内的气体量主要取决于钻开的气层表面积、浓度差和泥饼性质。一般经过泥饼扩散进入井中的气体量并不大，但是当泥饼由于压力激动等原因受到破坏以及长期停止循环时，则扩散进入的气体量就会增加。因此，空井或井眼长时间静止时，要有专人负责观察井口。

3. 重力置换的侵入

当钻到大段的气层、特别是大裂缝或溶洞时，由于作业流体密度大，与气体产生重力置换，天然气被作业流体从地层中置换出来，在井底容易积聚形成气柱。

以上三种情况表明，即使在井底压力大于地层压力时，天然气也会以上述几种方式侵入井内。

4. 压力差的侵入

井底压力小于地层压力时，气体由气层以气态或溶解状态大量地流入和渗入作业流体。由前面所述知道，起钻时由于停止循环，抽汲作用等原因会使井底压力降低，同时又较长时间地停止循环，这就可能在井底积聚起大量气体而形成气柱。所以，若不及时关井，很快会发展成为井喷。

2.1.2 气体在井内的状态与膨胀特性

2.1.2.1 气体在井内的状态

（1）分散的气泡状态。大多数情况下，由于作业流体流动和钻柱旋转的影响，气体以气泡的形式散布在作业流体中。

（2）连续的气柱状态。如果发生重力置换或长期关井，或者定向井水平段较长时，可在井内形成连续气柱。

2.1.2.2 气体在井内的膨胀特性

气体与液体最显著的差别在于其可压缩性或膨胀性。气体受压增高，其体积减小；气体受压减小，体积增加。

如果不考虑气体的压缩性系数及温度的变化，则为玻义耳—马略特定律：

$$P_1V_1 = P_2V_2 \tag{2-1}$$

由式（2-1）可以看出，气体压力增加1倍，体积减小一半；相反，气体压力减小一半，体积增大1倍。

在起钻过程中，由于抽汲等因素的影响，若有少量的气体进入井内，在其向上运移的过程中，体积会随着所受作业流体液柱压力的减小而增大，并造成环空液柱压力逐渐减小，使井筒内压力系统由正平衡逐渐转为欠平衡，导致溢流的发生。如果是在井底压力小于地层压力的情况下，气体进入井内，若不及时关井，气体向上运移时体积膨胀，造成井底压力进一步降低，则会加剧溢流的发展。特别是井底的高压气体运移至井口附近时，由于体积急剧膨胀，将会使溢流急剧加速，很快造成液柱压力迅速降低，形成井喷。另外，在处理气体溢流时，由于气体的膨胀，会导致过高的套压，一方面可能造成地下井喷，另一方面直接威胁到井口的安全，如引起地面管汇、井口附近的套管刺漏或施工井地面窜通，导致压井失败甚至失控着火。因此，对于气体溢流来说，更要强调及时发现溢流并迅速关井的重要性。

2.2 气体溢流对井内压力的影响

2.2.1 气侵对作业流体液柱的压力影响

气体侵入作业流体后，以游离状态——微小气泡吸附在作业流体的颗粒的表面，随着作业流体循环上返。气泡在上升过程中，由于所处的压力不断减少，体积就逐渐膨胀增大，如图2-1所示。因此，气侵作业流体的密度在不同深度是不同的，这时绝不能再以地面气侵作业流体的密度乘以井深来计算作业流体柱压力。即使返到地面时的作业流体气侵得很厉害，形成许多泡沫，密度降低得很多，但是井底作业流体柱压力的减少却并不大。

由图2-1可见，即使地面气侵作业流体的密度降至只有原来密度的一半（即 $a=0.5$），井底作业流体柱压力的减少值也不超过0.75MPa。如果考虑到气体的溶解度，那么井底作业流体柱压力的减少值将更小。

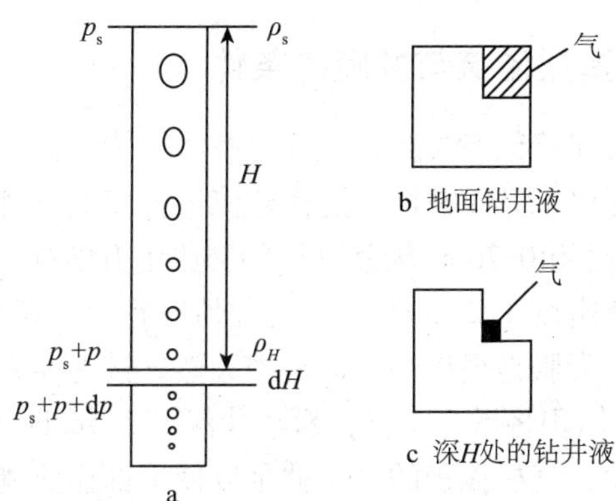

图 2－1　气侵作业流体静液柱压力变化示意图

图 2－2 的横坐标是气侵前作业流体静液柱压力。可以看出，气侵对井底作业流体压力减少的影响，就相对值来说，浅井要大于深井。例如原作业流体密度为 $1.20g/cm^3$，a = 0.5，5000m 深井井底的液柱压力减少值为 0.64MPa，约为原来作业流体压力的 1.1%；而对于 500m 的浅井，则井底液柱压力减少为 0.41MPa，占原来作业流体柱压力的 6.8%。然而，无论是深井还是浅井，气侵后液柱压力减少的绝对值都是很小的。

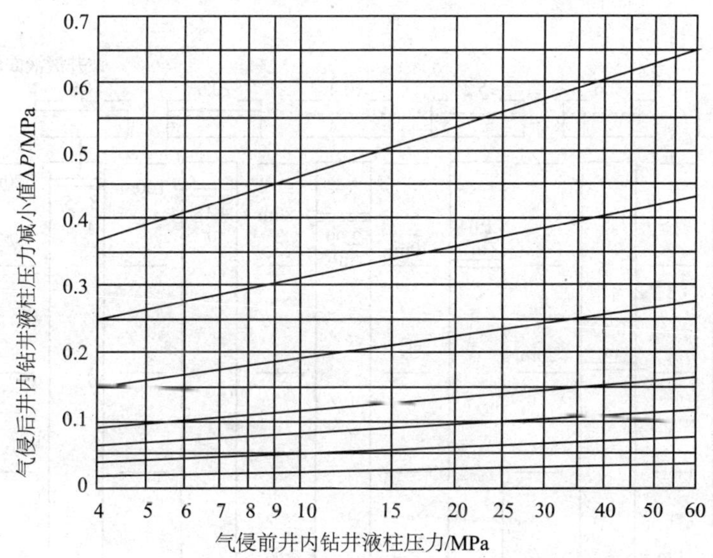

图 2－2　气侵后对钻井下液柱压力的影响

这表明，地面气侵很严重的作业流体，看起来好像有大量气体侵入作业流体，但是实际上井底只有少量的气体进入作业流体。由于气体的可压缩性质，少量气体在井中并不排代许多作业流体，只有在气体接近地面时才膨胀得非常快。确立这种认识对于正确估量井底天然气侵入的程度是十分必要的。

从以上分析得出，仅仅由于气侵，井底作业流体液柱压力的减少是非常有限的。如果没有及时有效地除气，让气侵作业流体重新泵入井内，且继续不断地受到进一步气侵，则井底作业流体液柱压力将不断下降，最终会失去平衡，导致井喷。

2.2.2 井下积聚气造成溢流与井喷的条件

由于各种原因而较长时间停钻停泵时，侵入井底的气体往往不是均匀分布，而是产生积聚现象形成气柱。气柱在井中上升或被循环的作业流体推着上行时体积会大大膨胀。

图 2 - 3 表明在 3000m 处有 0.26m^3 天然气柱的膨胀上升情况（Φ216mm 井眼与 Φ127mm 钻杆的环形空间，作业流体密度 1.20g/cm^3）。这种情况在一些起钻开始时发生局部抽汲的井中是容易发生的。起初，膨胀是很小的，但是当天然气接近地表时膨胀迅速增加。例如在到达井深 750m 时，天然气体积将增为 4 倍，而在井深 187.5m 时为 16 倍。当上升到一定高度后，由于上面压力的减少，气柱体积的膨胀就足以使上部作业流体自动外溢喷出。

对于因换钻头、电测等作业而起出钻杆的井，虽然在早先检查的时候是平静的，但是有可能由于抽汲以及较长时间停止循环，而在井底积聚相当数量的天然气气柱。然后，或者由于其轻于作业流体而上升膨胀，或者在下钻循环时上行膨胀，当到达某井深时就会发生作业流体外溢喷出。并且由于天然气上升接近地表时，在较低的压力下它将取代大量的作业流体，大大降低了井底压力，使更多的天然气以更快的速度侵入井中。因此，实际的作业流体外溢喷出现象要早得多。如图 2 - 4 井筒内气体膨胀与压力的变化，气体溢流到井口几百米时体积会成百倍的膨胀，瞬间井筒液柱压力下降形成欠平衡状态，造成气井突然井喷的严重事故。

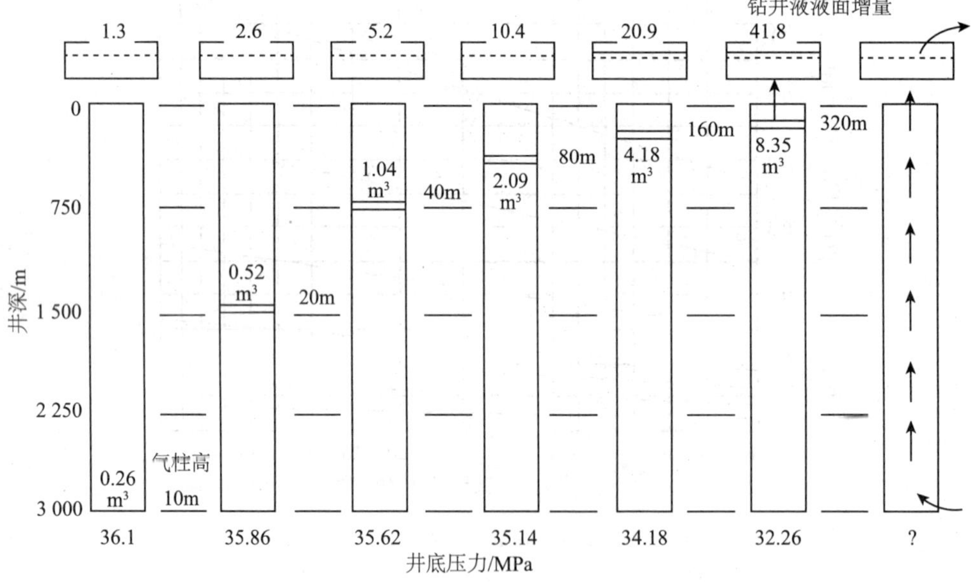

图 2 - 3 井底气柱自动外逸的条件

2.2.3 气侵作业流体对井筒压力的影响

（1）开井条件下，气体在井内滑脱上升或随作业流体循环上升的过程中其体积会膨胀，会排出等量的作业流体，从而降低井底静液柱压力，而且越接近地面膨胀速度越快。

（2）关井条件下，一口受到气侵而已经关闭的井中，环形空间仍是不稳定的。在没有发生井漏之前井内气体不能膨胀，天然气由于其密度小于作业流体而滑脱上升，所以气体就会保持原有压力而向上运移；有穿过作业流体在井口蓄积起来的趋势。目前广泛使用的低黏度低切力作业流体，使这种现象更容易发生。由于井已关闭，天然气不可能膨胀，当气体保持原有压力滑脱上升时，井口压力和井底压力都将增大。当天然气升至地面时，这个压力就被加到管柱上，作用于整个井筒，造成过高的井底压力，而在井口则作用有原来的井底压力。

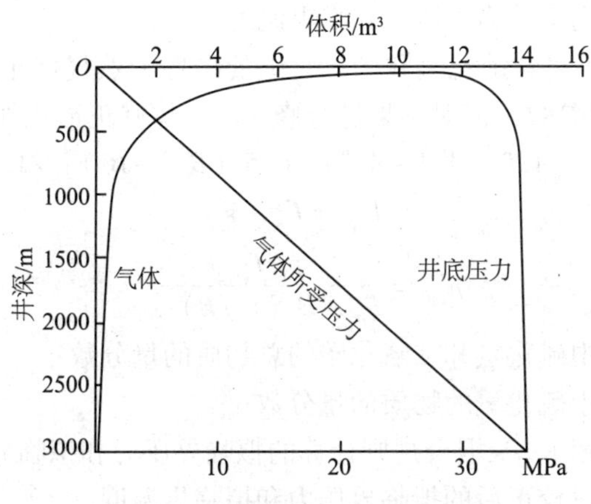

图 2－4　气体膨胀与井筒压力的变化

气侵关井时的注意事项：

（1）在长时间关井期间，由于天然气在井内上升而不能膨胀，井口压力不断上升。这容易产生误解，认为地层压力非常高，等于井口压力再加上作业流体柱压力，并且据此算出所需要的作业流体密度。实际上这是错误的。

（2）不应长时间关井而不节流循环。因为长期关井将引起井口、井壁及井底产生过高的压力，如井口压力有可能超过井口装置额定压力导致井口失控，井壁及井底压力超过薄弱地层承载能力而压漏地层，导致井下复杂事故。一旦录取完溢流资料应尽快实现节流循环，快速修井恢复生产。

（3）在节流循环排出井内气体溢流时，为了避免井口和井内产生过高的压力，必须使气体膨胀降低自身的压力，以便井底压力始终等于或略大于地层压力并保持不变。

（4）若循环动力系统失效，无法在短时间内实现节流循环排出井内气体时，应通过调节节流阀控制立压等于或略大于初始关井立压，定时释放掉由于圈闭压力引起的过高井眼压力，以防造成地下井喷事故。关井后天然气上升，会引起井内压力升高，当压力升到一定值时要释放出部分压力以保证安全。

2.3　含酸性气体超临界特征

2.3.1　含硫化氢和二氧化碳的酸性天然气临界参数计算方法

稳定的纯物质及由其组成的混合物具有固有的临界点（即临界压力 p_c、临界温度 T_c、临界密度 ρ_c）。混合气体组分的临界参数的计算方法如下：

天然气的临界参数采用拟临界参数，采用 Kay's 混合规则，其定义为：

$$p_{pc}=\sum_{i=1}^{n}y_i p_{ci} \tag{2-2}$$

$$T_{pc}=\sum_{i=1}^{n}y_i T_{ci} \tag{2-3}$$

式中　y_i——为组分 i 的摩尔分数；

p_{pc}、T_{pc}——分别为混合物的拟临界压力和拟临界温度；

p_{ci}、T_{ci}——分别为组分 i 的临界压力和临界温度。

Wichert & Aziz 提出了对含硫化氢和二氧化碳的酸性天然气修正方法。所以运用以上方法计算酸性天然气的临界参数，需对结果进行修正。具体修正形式如下：

$$\varepsilon=[120(A^{0.9}-A^{1.6})+15(B^{0.5}-B^{4})]/1.8 \tag{2-4}$$

$$T'_{pc}=T_{pc}-\varepsilon \tag{2-5}$$

$$p'_{pc}=\frac{p_{pc}T'_{pc}}{T_{pc}+B(1-B)\varepsilon} \tag{2-6}$$

式中　A——为天然气中硫化氢和二氧化碳的总物质的量分数；

B——为天然气中硫化氢的物质的量分数；

p_{pc}、T_{pc}——分别为采用 Kay's 混合规则计算的拟临界压力和拟临界温度；

p'_{pc}、T'_{pc}——分别为经过校正后的拟临界压力和拟临界温度。

2.3.2 含酸性气体临界点附近流体相态变化特征

临界流体是指温度、压力高于临界温度（T_c）和临界压力（p_c）的流体。在临界点附近，压力的微小变化可导致密度的巨大变化，如图 2－5、图 2－6 所示。图 2－5 中，C 点为流体临界点，虚线所标注的数值为流体密度。由图 2－5 可以看出，在 C 点附近小的范围内，流体的密度差异巨大，也即流体密度差异很大的数值线延伸并聚集在临界点 C 附近。在此点，较小的温度或压力发生变化，都会引起流体密度或体积的巨大变化。纯二氧化碳的临界温度是 31.06℃，临界压力是 7.39MPa，如图 2－6 描述了纯二氧化碳在 40℃下的密度随压力的变化关系。温度 40℃恒定的条件下，压力从 10MPa 降到 5MPa，在临界压力附近变化，密度数值从 630kg/m³ 降到 120kg/m³，变化剧烈；可见在临界点附近，密度有很宽的变化范围；温度或压力微调可使密度显著变化。

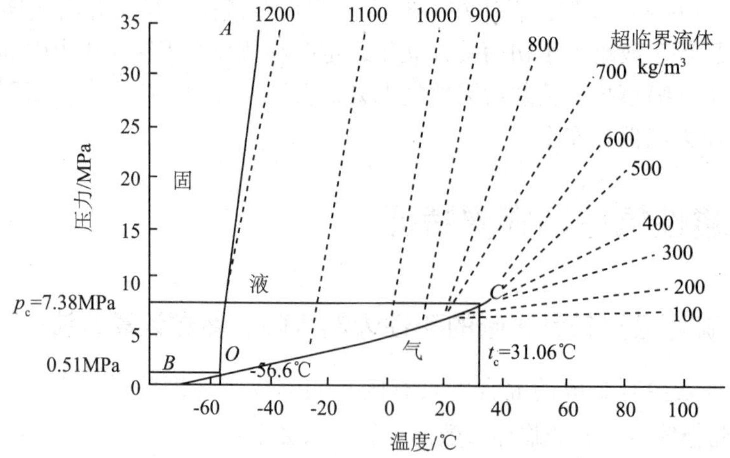

图 2－5　纯 CO_2 密度随压力与温度的变化相图

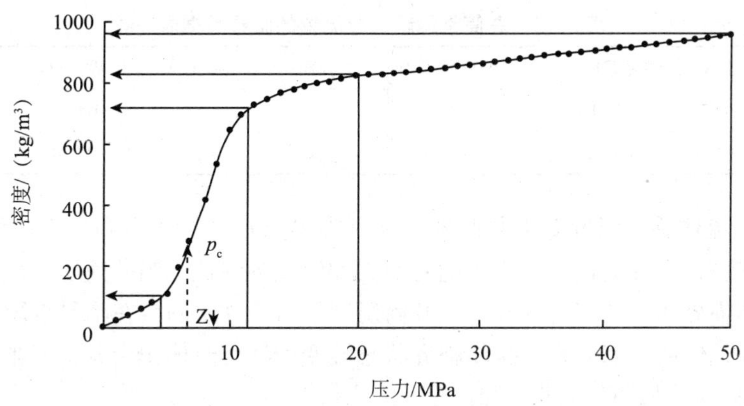

图 2－6　纯 CO_2 在 40℃下的密度随压力的变化关系图

2.3.3　含酸性气体超临界区流体相态变化特征

超临界流体（Supercritical fluid，简称 SCF）可以得到处于气态和液态之间的任一密度，超临界流体具有液体对溶质有比较大溶解度的特点，又具有气体易于扩散和运动的特性（表 2－1），因而有较好的流动性、渗透性和传递性能。

表 2－1　气体、液体和超临界流体性质表

流体性质	气体	超临界流体		液体
	0.1MPa，15～30℃	T_c，p_c	T_c，$4p_c$	15～30℃
密度/g·mL^{-1}	(0.6～2) ×10^{-3}	0.2～0.5	0.4～0.9	0.6～1.6
黏度/g·(cm·s)$^{-1}$	(1～3) ×10^{-4}	(1～3) ×10^{-4}	(3～9) ×10^{-4}	(0.2～3) ×10^{-2}
扩散系数/cm^2·s^{-1}	0.1～0.4	0.7×10^{-3}	0.2×10^{-3}	(0.2～3) ×10^{-5}

在临界点附近，温度、压力微调可使超临界流体的性质显著变化，但远离临界点附近区域时，超临界流体的性质变化并不明显。如图 2－5 所示的二氧化碳密度随压力与温度的变化相图，等密度线在临界点附近很密集，而在远离临界点的区域比较分散，远离临界点时，不同密度之间的过渡需要较大的压差或温度差。如图 2－6 所示，温度 40℃恒定的条件下，而当压力从 50MPa 降到 20MPa，即在稍微远离临界压力点附近的区域变化，密度仅从 965kg/m^3 降到 825kg/m^3。可见当流体温度压力都大大超过临界点，流体密度与温度及压力存在一一对应关系，但不存在温度压力较小范围变化会引起流体密度剧烈变化现象。

2.3.4　作业流体溢流井筒环空超临界流体相态变化规律

高含硫气井气侵环空常见的流体一般有甲烷、二氧化碳、硫化氢、乙烷等，作业流体密度一般在 1.2g/cm^3 以上，所以当井深大于 2000m 时，根据甲烷、二氧化碳、硫化氢、乙烷等流体的临界数据（表 2－2），气侵环空的流体都处于临界状态。气侵时，超临界流体以微小气泡吸附在作业流体中颗粒的表面，随着作业流体的循环上返。超临界流体和气体一样是可压缩的，在上升的过程中由于所处的压力不断减小，体积就会逐渐膨胀增大。

环空流体在井筒相态变化有 3 种情况，两种转变方式。

表 2-2　井筒常见超临界流体的临界数据表

物质	沸点/℃	临界温度/℃	临界压力/MPa	物质	沸点/℃	临界温度/℃	临界压力/MPa
二氧化碳	-78.5	31.06	7.39	硫化氢	-88.0	100.20	8.94
甲烷	-164.0	-83.00	4.60	乙烷	-88.0	32.40	4.89

（1）当环空流体临界温度低于井筒温度并且临界点在井筒压力和温度曲线上面时（如图2-7中的甲烷），在井筒运移过程中随着压力和温度的降低，当井筒压力低于流体临界压力时，流体从超临界状态转变为气态，但井筒温度压力条件不满足在临界点附近体积剧变的条件，根据实际气体的状态方程，从超临界状态转变为气态时体积会有所膨胀，但不会出现剧烈膨胀的现象，如图2-7中的甲烷。

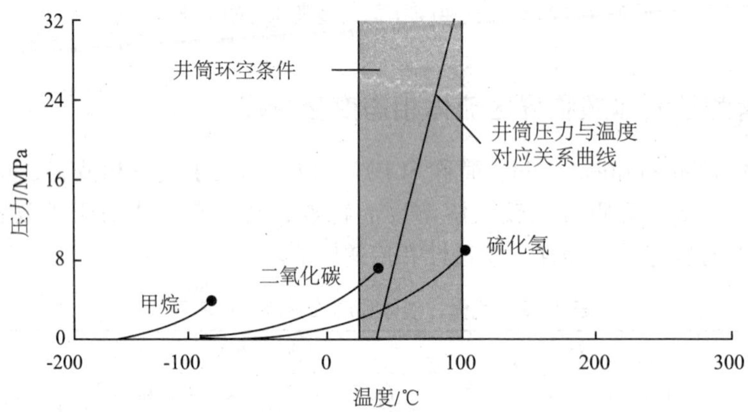

图2-7　井筒环空中几种常见物质的饱和蒸汽压线图

（2）当环空流体临界温度处于井筒温度范围内并且临界点在井筒压力和温度曲线上面时（如图2-7中的二氧化碳），在井筒运移过程中随着压力和温度的降低，当井筒压力低于流体临界压力时，流体从超临界状态转变为气态。井筒温度压力条件满足临界点附近时会发生体积剧变，如图2-7中的二氧化碳。

（3）当环空流体临界温度处于井筒温度范围内并且临界点在井筒压力和温度曲线下面时（如图2-7中的硫化氢），运移过程中随着压力和温度的降低，当井筒温度低于流体临界温度时，流体先转变到液态，继续运移当井筒压力低于流体临界压力时，流体再从液态转变为气态。

2.3.5　气体膨胀特征计算模型

由实际气体状态方程，可得作业流体溢流井筒环空气体体积计算公式：

$$V(z_i)=\frac{p(z_0)}{p(z_i)}\frac{T(z_i)}{T(z_0)}\frac{Z(z_i)}{Z(z_0)}V(z_0) \tag{2-7}$$

式中：$V(z_i)$ 为求解点气体体积；$p(z_i)$ 为求解点压力；$T(z_i)$ 为求解点温度；$Z(z_i)$ 为求解点偏差因子；$p(z_0)$ 为已知点压力（井底）；$T(z_0)$ 为已知点温度（井底）；$V(z_0)$ 为已知点气体体积（井底）；$Z(z_0)$ 为已知点偏差因子（井底）。

2.4 普光气田临界压力与临界温度计算实例

普光气田上二叠统长兴组产层，某气井井深 5600m，井底温度 130℃，井口温度 60℃，作业流体密度 1.46g/cm^3。混合气体组分：硫化氢 15%，二氧化碳 10%，甲烷 74.89%，乙烷 0.11%。

由公式（2－2）～式（2－8），计算混合气体组分的临界参数得，临界压力 7.83MPa、临界温度 －43℃。气侵井筒流体参数变化如图 2－8 所示，井筒温度和压力对应关系曲线远离混合流体的临界点，气侵流体在井筒运移过程中，密度逐渐减小，由超临界状态转换到气态，相态变化远离流体临界点，不具备临界点附近流体物性发生急剧变化的条件，从超临界状态转变为气态时体积会有所膨胀，但不会出现剧烈膨胀的现象。

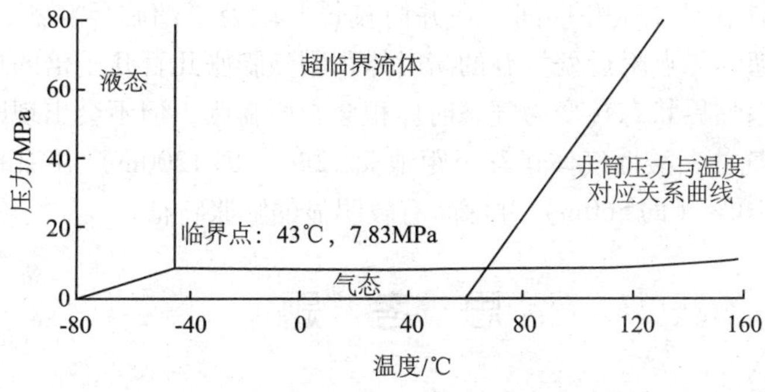

图 2－8　普光气井流体临界相态图

根据环空气体体积计算公式（2－7），计算沿环空流体相关参数变化如图 2－9 所示。随着流体从井筒向上运移，井底偏差因子与井筒某点偏差因子的比值以及井底温度与井筒某点温度的比值逐渐减小，但减小的幅度不大。然而压力比值变化的趋势线比较明显，在深井段，压力比值变化很小，而在靠近地面的较浅井段压力比值经过短暂的过渡后明显增加。在井筒 1200～7000m，压力比值变化不大，压力比值对流体体积的膨胀不起主要作用；而在接近地面的几百米范围内，压力比值会由几倍直接变化到几十倍，这期间压力比值对体积的膨胀起很重要作用。

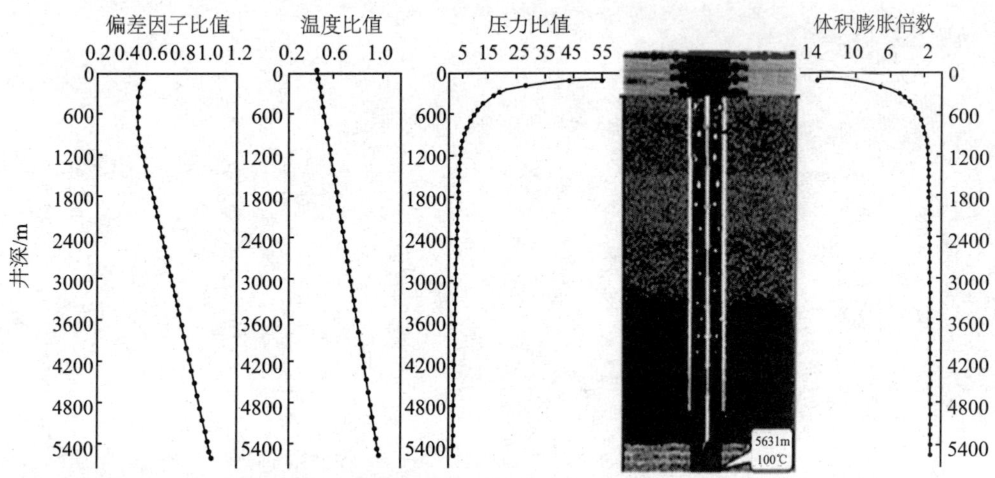

图 2－9　普光气井井底压力与井筒某点对应压力比值图

从普光气井气侵流体体积膨胀倍数曲线可以看出，流体在井筒运移过程中，混合物从超临界状态转变为气态，密度逐渐减小，体积膨胀，运移至距地面12%（即1200m）井深时，有体积膨胀趋势，运移至距地面10%（即560m）井深时有较明显的膨胀特征。但流体在井筒运移过程中，不会出现在超临界点附近处特有的瞬时体积剧烈膨胀几百几千倍的现象。

2.5 普光气田酸性气体溢流的现象

（1）高含硫气井，H_2S/CO_2 组分不同井筒相态变化不同，存在超临界流体变到气态和超临界流体先变到液态再从液态变化到气态两种情况，前者当井筒温度压力条件不满足临界点附近时不会发生体积剧变，而后者不存在流体临界点附近体积剧变情况。

（2）高含硫气体在溢流压井期间，在井筒较长井段处于超临界状态，远离临界点附近区域，不会出现在超临界点附近处特有的瞬时体积剧烈膨胀几百几千倍的现象。根据实际气体的状态方程，从超临界状态转变为气态时体积会有所膨胀，但不会出现剧烈膨胀现象。

（3）普光气田气井，酸性气体运移至距地面12%（即1200m）井深时，有体积膨胀趋势，运移至距地面10%（即560m）井深时有较明显的膨胀特征。

思 考 题

1. 气体的主要特性是什么？
2. 气体进入井内的方式有哪些？
3. 开关井状态下气柱对井内压力的影响？
4. 气侵关井时的注意事项有哪些？
5. 某直井2790m处的地层压力为38MPa，当钻至该地层时发生气体侵入。原作业流体密度1.28g/cm³，若要保持井底压力不低于地层压力，井内的作业流体密度至少应保持多大？
6. 什么叫作 H_2S、CO_2 的超临界相态？超临界相态有何危害？
7. 普光气田的临界压力与临界温度各是多少？

第3章 压井技术

压井技术是指关井后，根据溢流的性质及井下、井口的装备等情况，用压井液将溢流及受污染的液体替换出井，恢复井内压力平衡的工艺技术。压井技术一般包括常规压井技术和非常规压井技术两类。常规压井技术有一次循环法（工程师法）、二次循环法（司钻法）、边循环边加重法，统称为井底常压法又称正循环压井法；非常规压井技术主要有：体积法、挤注法、置换法压井。

3.1 压力的概念及相互关系

压力是油气井压力控制技术的最基本的概念，保存在地层孔隙内的流体（油、气、水）所具有的压力称为地层压力。在采气过程，正确理解和掌握各种压力概念、了解其相互之间的关系是实施井控技术中必要的条件之一。学习采气井控技术首先要了解和掌握井下的各种压力基本概念及相互关系。

3.1.1 压力的概念

力的最简单概念就是物体的重量。例如一段圆柱体放在桌面上，其作用在桌面上的力等于它的重量，这个力作用到桌面上，方向向下（图3－1）。因为桌面没有运动，桌子也在反方向给其以相等的力。

所谓压力是指物体单位面积上所受的垂直力，用（P）表示。圆柱体对桌面压力的大小取决于该圆柱体的底面积和重量，此时压力为该圆柱体重量被其底面积除的商。由此可见，压力与力和面积有关，其定义式为：

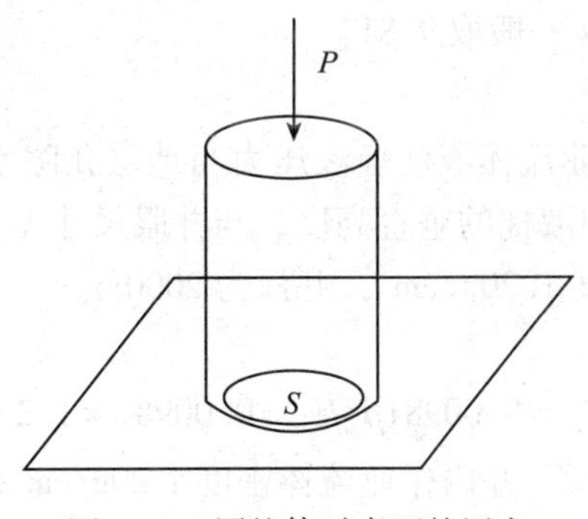

图3－1 圆柱体对桌面的压力

$$P = N/S \tag{3-1}$$

式中 P——物体受到的压力，Pa；

N——物体表面受到的力，N；

S——受力面积，m^2。

3.1.1.1　国际单位制的压力单位

国际单位制中压力单位是帕（Pa）。1Pa 是指 1 平方米（m^2）单位面积上受到 1 牛顿的力（N）时形成的压力（$1N/m^2$）。由于帕的单位太小，不利于工程计算和使用，一般用千帕（kPa）和兆帕（MPa）单位。换算关系如下：

$1kPa = 1 \times 10^3 Pa$

$1MPa = 1 \times 10^3 kPa = 1 \times 10^6 Pa$

$1MPa = 10Bar$

3.1.1.2　国际单位与工程单位的换算

现用的国际力学单位与过去工程单位的换算关系：

$1MPa = 10.194kgf/cm^2$（现场多粗略地认为 $1MPa = 10kgf/cm^2$）

$1kgf/cm^2 = 0.098MPa$

3.1.1.3　英制单位与国际单位的换算

在英制单位中，压力的单位是 psi（磅/英寸^2），与国际单位的换算关系：

$1psi = 6.895kPa$ 或 $1000psi \approx 7MPa$

油气井中压力是由液体和气体产生的，但压力的概念是一样的，所不同是液体和气体在某点上的压力在各个方向相等。

3.1.2　静液压力

静液压力为在静止液体中的任意点所产生的压力，用 P_m 表示。静液压力是由静止流体重力产生的压力，是液体密度和垂直高度的函数，其大小取决于液体密度和垂直高度，和液柱横向尺寸及形状无关，单位兆帕（MPa）。静液压力同样可以用计算圆柱体压力的计算方法来计算。

$$P_m = 0.00981\rho_m H_m = 10^{-3} g\rho_m H_m \qquad (3-2)$$

式中　P_m——静液压力，MPa；

ρ_m——液体密度，g/cm^3；

g——重力加速度（一般取 9.81），m/s^2；

H_m——液柱高度，m。

图 3-2 表示出了井内作业流体液柱静液压力与地层孔隙水的静液压力。一口井的井底静液压力仅取决于液体密度和液柱的垂直高度，与井眼尺寸无关，了解这一点非常重要。

案例 3-1：已知井液密度 $1.20g/cm^3$，井深为 2000m。

求：井底静液压力。

解：井液液柱静液压力 $P_m = 0.00981\rho_m H_m = 0.00981 \times 1.2 \times 2000 = 23.544$（MPa）

案例 3-2：如图 3-2 所示，井内作业流体密度 $1.20g/cm^3$，地层水的密度为 $1.07g/cm^3$，求井深 3000m 处的静液压力及地层孔隙内液体的压力。

解：作业流体液柱静液压力 P_m

$$P_m = 0.00981 \times 1.2 \times 3000$$
$$= 35.316 \text{（MPa）}$$

地层内孔隙液体的压力 P_p

$$P_p = 0.00981 \times 1.07 \times 3000 = 31.49\ (\text{MPa})$$

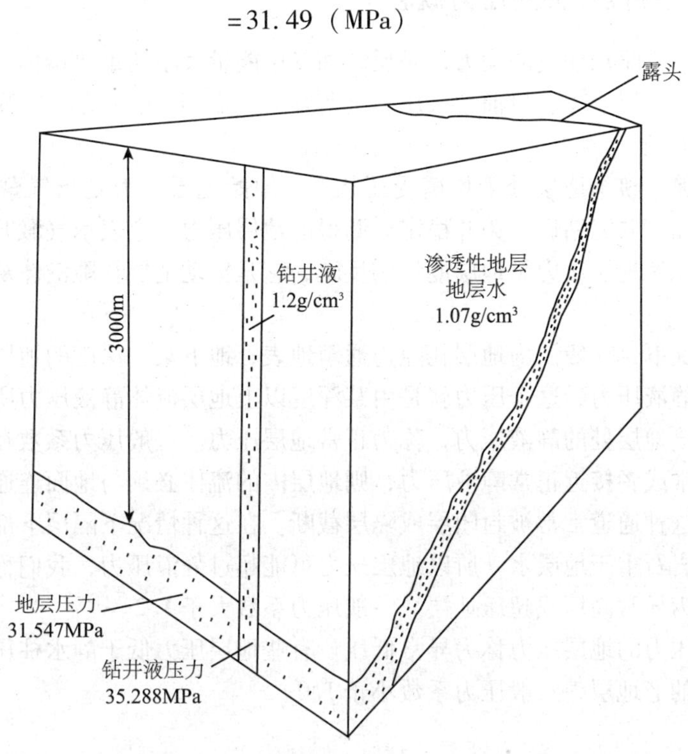

图3－2　静液压力及地层孔隙压力

对井深需要特别注意的是必须用垂直井深，而不是测量井深（或钻柱的长度）。如图3－3表示几种情况下井底压力变化。

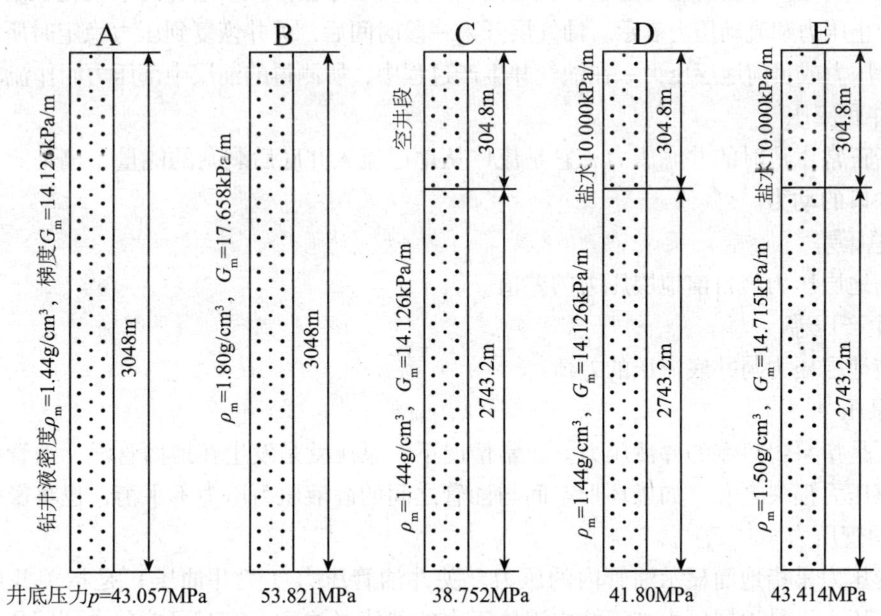

图3－3　井底静液压力

3.1.3 采气井控相关的压力概念

原始地层压力是驱动油气的动力，是反映油气田能量大小的重要指标。采油采气井控中常用的压力有原始地层压力、目前地层压力（静压）、流动压力（流压）等。

1. 原始地层压力

油田开发以前，整个地层处于均衡受压状态。原始地层压力是指气藏未开发以前的压力，即当第一口油气井完钻后，关井稳定后测得的地层压力，它表示气藏开采前所具有的能量，单位 MPa。原始地层压力是地层能量的反映，它是推动地层孔隙液体从地层流向井筒的动力。

正常压实情况下，一般认为地层孔隙连通至地表，地下某一深度的地层压力等于地层流体作用于该处的静液压力，这个压力就是由某深度以上地层流体静液压力所形成的，地层压力等于从地表至该地层处的静液压力，称为正常地层压力。一般压力系数在 1.0～1.2 之间。

地层压力正常或者接近正常静液压力，则地层内的流体必须与地面连通。受某些特殊地质环境的影响，这种通道常常被封闭层或隔层截断。在这种情况下隔层下部的流体必须支撑上部岩层重量。岩石重于地层水，所以地层压力可能超过静液压力，我们称这种超过静水柱压力的地层压力为异常高压或超压地层。一般压力系数大于 1.2。

低于静水柱压力的地层压力称为异常低压。有些地层压力低于静水柱压力，多发生于衰竭产层和大孔隙的老地层，一般压力系数小于 1.0。

2. 井底压力

井底压力是指地面和井内各种压力作用在井底的总和。

3. 静止压力与流动压力

油气田投入开发后，原始地层压力的平衡状态被破坏，地层压力分布状况发生变化。这种变化贯穿于油气田开发的整个过程，直至油田开采终了才会停止。这种处于变化状态的地层压力，用静止压力和流动压力表示。油气层开采一段时间后，关井恢复到压力稳定时所测得的压力叫静止压力或目前地层压力。在油气井生产过程中，所测得的油层中部压力叫作流动压力。

4. 井底流压

是指正常生产时的井底压力，它是流体从地层流入井底后剩余的能量，也是液体从井底举升到井口的动力。

5. 总压差

原始地层压力与目前地层压力的差值。

6. 生产压差

目前地层压力与井底流压的差值。

7. 泵压

泵压是指泵出口端的井液压力。正常情况下，泵压就是发生在地面管汇、油管和环形空间的摩擦压力损失之和。如果环形空间与油管之间的静液压力压力不平衡，也将影响泵压。

8. 油管压力

油管压力是指地面显示油管内的压力。关井油管压力（关井油压）是指关井后地面显示的油管压力，是地层压力与管柱内液柱压力的差值（注意：有时可能包含圈闭压力）。

9. 套管压力

套管压力是地面显示的套管压力。关井套管压力（关井套压）是指关井后地面显示的套管压力（环空压力），是地层压力与环空内液柱压力的差值（注意：有时可能包含圈闭压力）。

3.1.4　压力的 4 种表示方法

3.1.4.1　用压力的单位表示

$P_m = 0.00981\rho_m H_m$，这是一种直接表示法，如 100kPa、10MPa。

3.1.4.2　用压力梯度表示

单位垂深压力的变化。$G_m = P_m / H_m = 0.00981\rho_m$

压力梯度表示的好处或方便之处是在对比不同深度地层中的压力时，可消除深度的影响。而该点的压力只要把压力梯度乘上深度即可得到。

案例 3-3：已知井液密度 1.20g/cm³，井深 3500m，求压力梯度和井底静液压力。

解：压力梯度 $G_m = 10^{-3} g\rho_m = 0.00981 \times 1.2 = 0.011772$（MPa/m）

井液静液压力 $P_m = G_m H_m = 0.011772 \times 3500 = 41.203$（MPa）

注意：在英制单位中，$g = 0.052\text{ft/s}^2$，其静液压力公式为

$$P_m = 0.052\rho_m H_m \tag{3-3}$$

式中　P_m——静液压力，psi；

ρ_m——液体密度，ppg；

H_m——液柱垂直高度，ft。

ppg 与 g/cm³ 的换算关系是：1g/cm³ = 8.33ppg；

ft 与 m 的换算关系是 1m = 3.048ft，其压力梯度公式为

$$G_m = 0.052\rho_m H_m \tag{3-4}$$

式中　G_m——压力梯度，psi/ft；

ρ_m——密度，ppg。

在使用英制单位时，压力梯度一般为每英尺井深的压力增量。

3.1.4.3　用流体当量密度表示

某点压力等于具有相当密度的流体在该点所形成的液柱压力。这个密度常称为液体当量密度。

$$\rho_e = P_m / (0.00981 H_m) = 102 G_m \tag{3-5}$$

式中　ρ_e——作业流体当量密度，g/cm³。

如 2000m 处的压力为 23.544MPa，则 $\rho_e = 23.544\text{MPa} / (9.81 \times 10^{-3} \times 2000\text{m}) = 1.20\text{g/cm}^3$

当量密度表示方法与压力梯度类似，也可以在对比不同深度压力时消除深度带来的不便。可用井液密度的对比表示压力的对比，非常直观方便。

现场一般依据地层压力系数，将地层分为正常、高压、低压三类。

正常地层压力：$\rho_e = 1.00 \sim 1.07\text{g/cm}^3$；

异常高压地层：$\rho_e > 1.07\text{g/cm}^3$；

异常低压地层：$\rho_e < 1.00\text{g/cm}^3$。

3.1.4.4　用压力系数表示

这是某点压力与该点水柱静压力之比（无因次），其数值等于该点的井液当量密度。我

国现场人员常说某井深处的压力系数是多少，实际仍是当量密度，只不过去掉了密度量纲，只言其数值罢了。

由于压力表示方法的不同，对于某一压力可能有不同的叫法，但意思却是说的同一个压力。例如说2000m处的压力是23.544MPa，也可说压力梯度是0.01177MPa/m，也可说当量密度是1.20g/cm^3，或说压力系数1.20。

静液压力梯度受液体的密度和含盐、含气体的浓度以及温度梯度影响。含盐浓度高会使静液压力梯度增大，溶解气体量增加和温度增高则会使静液压力梯度减小。

一般淡水和淡盐水盆地 G_m 为0.0098（MPa/m），盐水盆地 G_m 为0.0105（MPa/m）。这相当于总含盐量为80g/L的盐水柱在25℃时的压力梯度，亦即常说的平均静液压力梯度。

案例3－4：已知井液密度＝1.24g/cm^3，井深为3353m。

求：压力梯度和井底静液压力。

解：根据式（3－1）计算：

压力梯度：$G_m = 10^{-3} g\rho_m = 0.00981 \times 1.24 = 0.012164$（MPa/m）

静液压力：$P_m = 10^{-3} g\rho_m H_m = 0.00981 \times 1.24 \times 3353 = 40.787$（MPa）。

3.1.5 压力系统的平衡关系

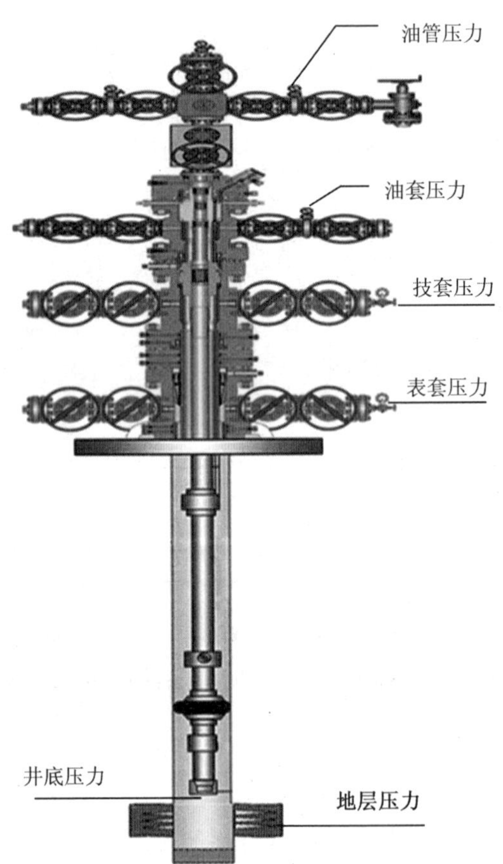

图3－4 井筒压力

采气井的压力系统包括气井地层压力、井底流动压力、井口的油管压力、套管压力和集气管线的回压（图3－4）。它们反映气藏内的驱油气能量及其从气层到井底直至井口的能量消耗过程和剩余压力。

压力平衡是指压力系统中各种压力在空间上达到相对稳定、没有剧烈变化的一种状态。采气过程中，人们最关心的目前地层压力、井底流压、井口油压、输气管线压力降与产量之间的关系。对于采用了井下工具或井下安全阀的生产井，一定要注意井下节流工具或井下安全阀的流动压力。

气井生产过程就是地层液体从气藏、井筒到地面分离器的流动过程。气井生产系统一般包括从地层到井底的渗流流动；沿垂直或倾斜油管举升的流动；通过节流装置的流动；在地面管线中的水平或倾斜管流四种基本流动过程。

3.2 常规压井技术

常规压井方法是指在整个压井操作过程中保持井底压力等于或稍大于地层压力，在此前提下注入压井液，排出溢流及低比重的作业流体，重建井内压力平衡的过程。压井过程中在避免二次溢流的同时避免由于井底压力波动造成压漏地层或危及地层与设备的复杂局面；因此又叫井底常压法压井。即实施压井过程中，始终保持井底压力与地层压力的平衡，不使新的地层流体进入井内。同时又不使控制压力过高。

一次循环法也叫工程师法：压井过程中，只需要循环一周作业流体，用压井作业流体将环空中井侵流体顶替到地面，直到压井作业流体返出地面。优点：地面承受的压力低；二次循环法也叫司钻法：压井过程中需要循环两周作业流体，第一循环周，用原浆将环空中的井侵气体顶替到地面，同时配制压井液，第二循环周，用压井作业流体将原浆顶替到地面，缺点：压井时间较长，井口压力较高。

实施常规压井方法需要满足三个条件：

（1）钻具在井底或溢流之下。

（2）能够正常关井并获得关井压力。

（3）能够正常循环。

3.2.1　U 形管原理

为了更好地理解常规压井技术原理，我们可以设想井筒中装上了 4 块压力表。如图 3－4 所示，从理论上讲，希望把压力表安装在井筒中关键的地方。这样，可以指导整个压井作业。四个理想的压力表可放在：

（1）地层处：这块表可以告诉我们地层压力。

（2）井底：这块表可以告诉我们井底压力是否维持了足够的井底压力以防止更多的地层流体进入井内。

（3）套管：这块表位于或接近套管的顶部，可以告诉我们套管压力，帮助我们把超过地面设备压力极限的机会减至最小。

（4）油管：这块表可以可以告诉我们油管压力，用来监控变化着的井下条件。在这些理想的压力表中，只有油管压力表和套管压力表可以在地面上找到。在地层中，井底的压力表纯属想象，目前技术是无法实现的。但是，这些压力对于井底常压法来说是重要的。但它们可以利用油管与套管压力表来监控，要做到这一点，就需要了解 U 形管原理和循环系统的基本压力关系。

要正确实施井底常压法压井，就必须充分了解井底压力、油管压力和套管压力之间的关系，而能够描述三者关系的最好方法就是 U 形管原理。

图 3－5 为高度相同的两个垂直管，在其底部通过一水平管相连。如果在其中加入均匀的流体，两者管柱内的液面将会相同，因为其形状像字母 U，通常叫做 U 形管。U 形管用来表示井眼内有钻具的情况很方便。油管内部用 A 侧来表示，而环空可用 B 侧表示，其底部相当于管柱底部。A 侧底部的压力等于 B 侧底部的压力，该压力可被认为是井底压力。

在静止情况下，$P_{井底}=P_{液柱}+P_{地面}$，而 U 形管底部相连通的地方，其压力一定是相等的，即

A 侧：$P_{A井底}=P_{A液柱}+P_{A地面}$

B 侧：$P_{B井底}=P_{B液柱}+P_{B地面}$

$p_{地层}=P_{A井底}=P_{B}$

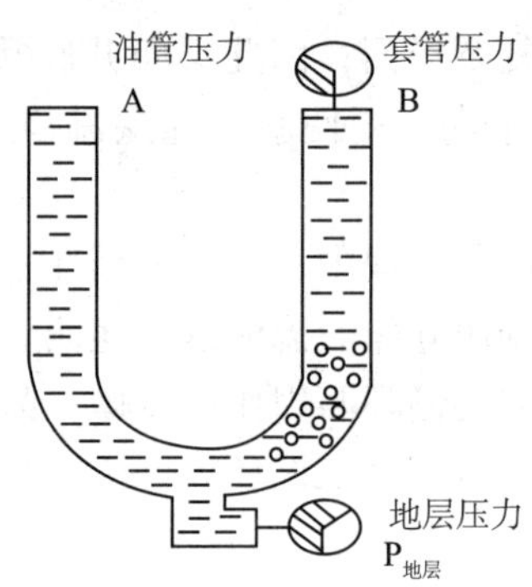

图 3－5　U 形管示意图

当 U 形管内充满同一流体时是很简单的，由于两者液柱压力都相同，因而地面压力也相同。这相当于管柱在井底时开井的情况，管柱和环空的液面都静止在井口，而立压和套压都为零。

当 U 形管的两侧分别注入不同流体时，情况就不同了。这时，两侧的液柱压力和地面压力都不相同，只有井底压力相同，这种情况就相当于井底发生溢流的情况。井内发生溢流是因为地层压力大于作业流体液柱压力，当关井后，作业流体停止流动，当井口压力达到一定程度时，溢流也停止侵入。井底的欠平衡压力作为立（油）管、套管压力表现出来。由于此时环空流体已不再是单一的作业流体，它包括一部分溢流，由于溢流比重低，使环空一侧作业流体液柱压力减少。因此，环空一侧的地面压力将高于油管一侧，即关井套压大于关井立（油）压，如图 3－5 所示。

假设一口井深 3000m 的井，使用 1.2g/cm^3 的作业流体钻穿 40MPa 的高压地层，发生溢流 3m^3，由于 1.2g/cm^3 作业流体的液柱压力只有 36MPa，关井立压为 4MPa。

环空一侧的液柱压力等于环空内作业流体和溢流的液柱压力之和。假设 3m^3 溢流顶替了作业流体柱的高度 130m，环空内液柱压力将比钻杆内液柱压力低 1.5MPa，于是关井套压比关井立压高 1.5MPa。

常规压井法是一个通用程序，一般通过填写压井施工单来实现。压井施工单的逻辑次序使压井人员按一定次序进行，可减少混乱和计算错误，且计算步骤简便、次序固定。

根据以上的关系我们可以进行常规压井的基本参数计算：

（1）地层压力；

（2）判断溢流类型；

（3）压井作业流体密度；

（4）计算容积；

（5）注入加重作业流体的时间；

（6）重晶石的质量；

（7）循环时的立管总压力；

（8）最大允许关井套压。

3.2.2　常规压井的基本参数

1. 确定地层压力

地层压力是井控的重要考虑对象之一。地层压力影响压井时的井口压力。这些压力影响对井控十分重要，尤其是对套管完整性差的油井。另外，地层压力还决定压井液的密度。

如果有关井地面压力资料且知道井内液柱压力时，可用式（3-6）计算地层压力：

$$P_{地层}=P_{液柱}+P_{地面} \quad (3-6)$$

因此，了解井内流体密度是很关键的。产出液的密度、环空密封的流体密度、工作液的密度是主要的考虑对象。

准确的关井地面压力对确定地层压力也很重要。影响关井地面压力的因素之一，是油层的渗透性，低渗透性地层的溢流会造成偏低的地面压力，然而历史资料和试验数据以及该区域和地质经验可以帮助发现这种情况。因为环空中为受污染作业流体，密度无法确定，环液压力算不出来。而钻具内作业流体与地面没受污染作业流体一致，因此计算地层压力以关井油压为依据即地层压力 = 关井油压 + 静液柱压力。

2. 确定溢流性质

溢流的性质对井控很重要，油、气、水溢流对井控操作的影响是不同的。压井过程中，不同溢流对套压的影响不同。气体溢流产生较高的套压，油次之、水更低。

显然，确定生产井或测试过的井的溢流类型的方法之一是分析生产的测试资料。这些生产测试资料加上井史资料，例如测井资料，将可以帮助确定具体地层的流体类型。因此，在进行作业设计时，所有可用的资料都应考虑进去。

通过关井油压、套压和溢流量也可以确定溢流类型。如果这三个参数都知道，井内溢流的类型可用式（3-7）计算确定：

$$G_{溢}=G_{作业流体}-\frac{(P_{关套}-P_{关油})}{h_{溢}} \quad (3-7)$$

式中 $G_{溢}$——溢流的压力梯度，MPa/m；

$G_{作业流体}$——作业流体的压力梯度，MPa/m；

$P_{关套}$——初始关井套压，MPa；

$P_{关油}$——初始关井油压，MPa；

$H_{溢}$——溢流段垂直高度，m。

一般溢流压力梯度为：盐水，$G>0.01$MPa/m；油，$0.0058<G<0.0082$MPa/m；气，$G<0.00466$MPa/m。

例3-5：某井用177.8mm套管，73mm油管，工作流体是密度为1.2g/cm^{3}的盐水，溢流关井油压为2.1MPa，关井套压为3.99MPa，溢流量为3.2m^3，试确定溢流类型。假定环空容积系数为0.0165m^3/m。

解：$G_{溢}=G_{作业流体}-\dfrac{(P_{关套}-P_{关油})}{h_{溢}}$

先确定溢流在环空的高度：$h_{溢}=3.2/0.0165=193$（m）

则 $P_{G溢}=0.0098\times1.2-\dfrac{3.99-2.1}{193}=0.00196$（MPa/m）

因此，可以确定溢流为气体。

如果套管严重腐蚀或磨损，则气体溢流不能循环出井。因为套管可能承受不了这种高压而造成井喷失控。所以套管和井口承压能力受到质疑时必须搞清溢流的性质。

3. 计算压井液密度

井液密度的确定应以实测地层压力为基准，再加一个附加值。附加值可选用下列两种方法之一确定。

1）密度附加

$$\rho_{ml}=102p_p/H+\rho_e \quad (3-8)$$

式中 ρ_{ml}——压井液的密度，g/cm³；

p_p——静压或目前地层压力，MPa；

H——油层中部垂直井深，m；

ρ_e——附加密度，g/cm³。

密度附加值的取值范围：油水井为0.05～0.10g/cm³；气井为0.07～0.15g/cm³。

例3－6：已知地层压力19MPa，射孔段垂深1700m，求压井液密度。

解：$\rho_{ml}=102p_p/H+\rho_e=102\times19/1700+(0.05\sim0.10)=1.19\sim1.24$（g/cm³）

2）压力附加

$$\rho_{ml}=102(p_p+p_e)/H \quad (3-9)$$

式中 ρ_{ml}——压井液的密度，g/cm³；

p_p——静压或目前地层压力，MPa；

p_e——附加压力，MPa；

H——油层中部垂直深度，m。

压力附加值的取值范围：油水井为1.5～3.5MPa；气井为3.0～5.0MPa。

例3－6：已知地层压力19MPa，射孔段垂深1700m，如果选择附加压力为2.5MPa，求压井液密度。

解：$\rho_{ml}=102(p_p+p_e)/H=102\times(19+2.5)/1700=1.23$（g/cm³）

4. 压井液量

1）钻柱内容积 V_d

$$V_d=\frac{\pi}{4}(d_1^2L_1+d_2^2L_2+\cdots+d_n^2L_n) \quad (3-10)$$

式中 V_d——钻柱内容积，m³；

$d_1\sim d_n$——各段钻具内径，m；

$L_1\sim L_n$——各段钻具长度，m。

2）环空容积 Va

$$V_a-\frac{\pi}{4}[(D_{h1}^2-D_1^2)L_1+(D_{h2}^2-D_2^2)L_2+\cdots+(D_{hn}^2-D_n^2)L_n] \quad (3\quad 11)$$

式中 V_a——环空容积，m³；

$D_{h1}\sim D_{hn}$——各段井眼（技术套管）的内径，m；

$D_1\sim D_n$——各段钻具外径，m。

3）总容积 V

$$V=V_d+V_a \quad (3-12)$$

式中 V——钻柱内容积与环空容积之和，m³。

所需压井液量一般取总容积的1.5～2倍。

5. 根据压井液总体积 V 求重晶石的质量

重晶石的用量计算方法如下：

（1）制1m³压井液所需加重材料的计算：

$$m=\frac{\rho_s V_1\ (\rho_1-\rho_0)}{(\rho_s-\rho_0)} \tag{3-13}$$

式中 m——配制1cm³压井液所需加重材料的质量，t；

ρ_s——重晶石粉密度（一般优质石粉密度为4.25g/cm³）；

ρ_1——需配置的压井液密度，g/cm³；

ρ_0——原作业流体密度，g/cm³；

V_1——压井液体积，cm³。

（2）若已知原作业流体体积，需要加重提高密度时按下述方法计算：

$$m_1=\frac{\rho_s V_0\ (\rho_1-\rho_0)}{(\rho_s-\rho_1)} \tag{3-14}$$

式中 m_1——定量作业流体加重时所需加重材料的质量，t；

V_0——原作业流体体积，cm³。

6. 压井时间

1）注满钻柱内容积所需时间

$$t_d=103V_d/\ (60Q_k) \tag{3-15}$$

式中 t_d——注满钻柱内容积所需要的时间，min；

Q_k——压井排量，L/s。

2）注满环形空间所需时间

$$t_a=103V_a/\ (60Q_k) \tag{3-16}$$

式中 t_a——注满环形空间容积所需要的时间，min。

压井时，不能用正常钻进排量压井，压井排量一般取钻进时排量的1/3～1/2，这是因为：

①正常循环压力加上关井立管压力也许超过泵的额定工作压力；

②大排量高泵压所需的功率，也许要超过泵的输入功率；

③大量流体经阻流器可以引起过高的套管压力。如果压井循环时节流阀堵塞，将导致地层破裂。

采用较低排量，由于降低了钻井设备的负荷，也就提高了压井作业的可靠性。同时，较低的循环速度，在调节节流阀时有较长的反应时间，安全可靠性高。

7. 压井循环立管总压力

1）初始压井循环时的立管总压力

$$P_{Ti}=P_d+P_{ci} \tag{3-17}$$

式中 P_{Ti}——初始压井循环立管总压力，MPa；

P_d——关井立管压力，MPa；

P_{ci}——压井排量下的循环压力，MPa。

2）终了循环立管总压力 P_{Tf}

$$P_{Tf}=P_{ci}P_m/\rho_m \tag{3-18}$$

式中 P_{Tf}——终了循环立管总压力，MPa。

8. 最大允许关井套压

$$P_{amax}=\ (G_f-G_m)\ H_f \tag{3-19}$$

式中 P_{amax}——最大允许关井套压，MPa；

G_f——套管鞋处地层破裂压力梯度，MPa/m；

G_m——原作业流体压力梯度，MPa/m；

H_f——套管鞋处地层垂深，m。

一般规定：任何情况下关井，其最大允许关井套压不得超过井口装置额定工作压力、套管抗内压强度的80%和薄弱地层破裂压力所允许关井套压三者中的最小值。

3.2.3 正循环压井方法（适用于作业井和钻井）

常规压井法中的二次循环法和一次循环法是指在发生溢流正常关井后，压井过程中始终遵循井底压力略大于地层压力的原则完成压井作业的正循环方法。

3.2.3.1 二次循环法（司钻法）

二次循环法是发生溢流关井后，先用原密度作业流体循环排出溢流，再用加重作业流体压井的方法，用两个循环周期完成。该方法往往在边远井及加重剂供应不及时的情况下采用。此方法从关井到恢复循环的时间短，容易掌握。

（1）根据关井录取到的资料计算压井所需数据，填写压井施工单，绘制出立管压力控制进度曲线，作为压井施工的依据。

（2）用原作业流体循环排除溢流。

①缓慢开泵，同时迅速打开节流阀及上游的平板阀，调节节流阀使套管压力保持关井套管压力不变，一直保持到达到压井排量。

②排量逐渐达到压井排量时保持不变，调节节流阀使立管压力等于初始循环立管总压力 P_{Ti}，并在整个循环周保持不变。调节节流阀时，注意压力传递的迟滞现象。液柱压力传递速度大约为300m/s，3000m深的井需20s才能把节流变化的压力传递到立管压力表上。

③溢流排完停泵关井，则 $P_d=P_a$，在排溢流的过程中，应配制加重作业流体，准备压井。

（3）用加重作业流体压井，重建井内压力平衡。

①缓慢开泵，迅速打开节流阀及上游的平板阀，调节节流阀使套管压力保持新的关井套管压力（已等于关井立压）不变，直到达到压井排量。

②排量逐渐达到压井排量并保持不变。在加重作业流体从井口到钻头这段时间内，调节节流阀，控制套压等于新的关井套压不变（$P_d=P_a$）。立管总压力由 P_{Ti} 逐渐下降到终了循环立管总压力 P_{Tf}。

③加重作业流体出钻头返至环空，调节节液阀，控制立管压力等于终了循环立管总压力 P_{Tf} 并保持不变。待加重作业流体返出地面，停泵、关井，此时若 $P_d=0$、$P_a=0$，则说明压井成功。开井循环，调整作业流体性能，重新恢复生产。

为保证压井作业的安全，须计算压井过程中最大套压和套管鞋处所承受的最大压力值，以避免井口压力超过最大允许套压值和压漏地层。

（4）二次循环法压井过程中立管压力与套管压力变化曲线如图3-6所示。

立管压力变化规律：

第一循环周 $0\sim t_2$ 时间内，立管压力保持 $P_{Ti}=P_d+P_{ci}$ 不变。

第二循环周 $t_2\sim T$ 时间内，加重作业流体由井口至钻头，立管压力由 P_{Ti} 下降到 $P_{Tf}=\frac{\rho_{mk}}{\rho_m}\times P_{ci}$。$T\sim t_4$ 时间内，加重作业流体由井底返至井口，立管压力保持 P_{Tf} 不变。

套压变化趋势：

第一循环周 $0 \sim t_1$ 时间内，溢流顶部到井口，套压上升到最大值。$t_1 \sim t_2$ 时间内，溢流全部返出井口，套压下降到初始关井立管压力值。

第二循环周 $t_2 \sim T$ 时间内，加重作业流体由井口到钻头，套管压力不变，其值等于初始关井立管压力值。$T \sim t_4$ 时间内，加重作业流体由井底返至井口，套压逐渐下降到零。

（5）二次循环法两个基本规律：

①任何时候只要改变泵速（开泵、停泵、调整泵速）应保持套压暂时不变。

②其他所有时间保持流体密度均匀的一侧的地面压力不变。

（6）循环法压井操作步骤。

①保持套压不变开泵至压井泵速。

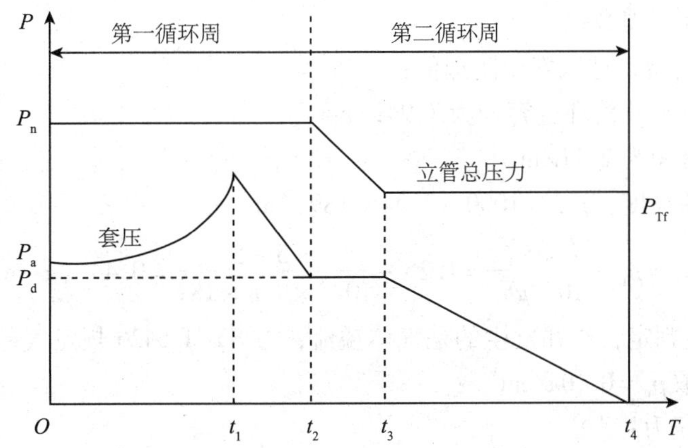

图 3－6　二次循环法压井（气体溢流）立管压力与套管压力变化曲线

开始循环时，很难保持套压不变，但是该步骤是很重要的。如果套压过低，更多的溢流进入井筒，太高的套压会压裂地层或造成井漏，这一过程需要同时调整节流阀开度和泵的油门大小，因此，泵的操作员和节流阀操作员要协调好，开泵速度要慢，使节流阀操作员有更多时间来调整。

②读取初始循环油管压力。

③保持初始循环油管压力和压井泵速直到溢流出井。

④保持套压不变停泵。

一旦溢流排除并关井（第一循环周结束），对关井套压和油压的正确理解是很重要的，二次循环法第一循环结束后，在大多数情况下，关井油压和关井套压应相等并等于初始关井油压。如果关井套压明显大于油压，可能有新的溢流进入环空，此时，应继续循环使溢流安全出井。

⑤压井液准备完成后，开始第二循环。

⑥保持套压不变开泵至压井泵速。

⑦保持套压不变直到压井液充满管柱到达井底。

⑧读取此时的循环油压（终了循环油压）。

⑨保持终了循环油压直到压井液返出井口。

⑩保持套压不变停泵。

第二循环周结束后，理想的情况是关井油压和关井套压两者都为零，否则，有可能是下列情况：油压 = 套压 <0，井内有圈闭压力；0 = 油压 < 套压 ≠0，新的溢流入井；油压 = 套压 >0，压井液密度不够。

例 3 –8：某井在 3200m 处发生溢流，关井后测得数据如下：测量井深 3200m，垂直井深 3200m。作业工具直径 116mm；$2^7/_8$in 油管外径 73.03mm，内径 59mm；生产套管外径 139.7mm，内径 124.3mm，下深 3200m；井液密度 1.25g/cm^3。溢流前用排量 5L/s（10 冲/min）循环时，P_{ci} =3.8MPa，作业井泵允许泵压 16.8MPa。地层破裂压力测试时井液密度为 1.20g/cm^3，地面压力为 12.33MPa。溢流关井 10min 后，井内与地层之间压力趋于平衡。测得关井油管压力 P_d =5MPa，关井套压 P_a =6.5MPa，井液池增量 ΔV =1.5m^3。地层破裂压力梯度 G_f =0.0156 试计算压井所需数据，并填写压井施工单，叙述压井步骤。

解：计算压井所需数据。

a. 确定溢流类型，选取安全附加值：

查表得，油管与井筒环空容积为 7.94L/m。

油管每米内容积为 2.7L/m。

溢流在环空的高度：1.5 ×1000 ÷7.94 =189（m）

$$\rho_w = \rho_m - \frac{P_a - P_d}{10^{-3} g h_w} = 1.25 - \frac{6.5-5}{10^{-3} \times 9.8 \times 189} = 0.44 \text{（g/cm}^3\text{）}$$

根据溢流密度判定，本井发生的是气体溢流，按 SY/T 6426 规定气层附加密度为 0.07 ~ 0.15g/cm^3，本井取 ρ_e =0.10g/cm^3。

b. 计算地层压力：

$$P_p = 0.0098\rho_m H + P_d = 0.0098 \times 1.25 \times 3200 + 5 = 44.2 \text{（MPa）}$$

c. 计算压井液密度：

$$\rho_{m1} = \frac{102P_p}{H} + \rho_e = \frac{102 \times 44.2}{3200} + 0.10 = 1.51 \text{（g/cm}^3\text{）}$$

d. 计算管柱内容积、环空容积及加重井液量：

（a）管柱内容积：

$$V_d = 2.7 \times 3200 = 8640 \text{（L）}$$

（b）环空容积：

$$V_a = 7.94 \times 3200 = 25408 \text{（L）}$$

（c）井筒系总容积：

$$V = V_a + V_d = 8640 + 25408 = 34048 \text{（L）}$$

按 1.5 倍的体积储备加重井液，即应把约 52m^3 的井液加重到 1.51g/cm^3，准备压井。

e. 计算压井时间：

注满钻柱内容积所需时间

$$t_d = V_d/(60Q_k) = 8640 \div 60 \div 5 = 29 \text{（min）}$$

注满环形空间所需时间

$$t_a = V_a/(60Q_k) = 25408 \div 60 \div 5 = 85 \text{（min）}$$

完成一个循环周总时间

$$t = t_d + t_a = 29 + 85 = 114 \text{（min）}$$

f. 计算压井时的油管总压力：

初始压井循环时的油管总压力

$$P_{Ti}=P_d+P_{ci}=5+3.8=8.8\ (MPa)$$

终了压井循环时的油管总压力

$$P_{tf}=P_{ci}\rho_k/\rho_m=3.8\times1.51\div1.25=4.6\ (MPa)$$

g. 计算最大允许关井套压

$$P_{amax}=(G_f-G_m)\ H_f=(0.0156-0.0098\times1.25)\ \times3200=10.72\ (MPa)$$

3.2.3.2 一次循环法压井

一次循环法压井只需要一个循环周，直接用加重流体顶替原来的作业流体，循环过程中，通过调节地面节流阀，监视油压和套压的变化来保持井底压力为常量的压井方法。

第一步：发现溢流及时关井。

发现溢流后及时关井，对减少溢流量是至关重要的。司钻在关井过程中负全面责任，整个关井过程中由司钻统一指挥，按关井程序及时正确关井。

第二步：等地层压力恢复后，记录关井油压、套压和循环池增量。

关井后，及时记录关井时间，等几分钟（根据地层渗透率和井口压力变化情况）后，读取关井数据。

第三步：进行压井计算，填写压井施工单，见表3－1、表3－2。

成功使用一步循环法压井要求循环油管压力随着压井液下行从高值（初始循环油压）均匀降到低值（终了循环油压）。重要的是压力下降得要平滑，不能有太大的起伏，油压不能在压井液到达井底时完全消失。

为了达到油压从初始循环油压到终了循环油压的平滑过渡，创建一个油压控制图表。列出压井液每下行50～100冲的距离对应的循环油压的准确数值。技术人员可以根据泵的冲数来调整节流阀使油压变化遵循图表的规律。

第四步：建立循环。

压井计算完成之后，利用压井施工单的数据进行循环。在建立循环之前，一定要检查下列项目：

①压井开始前确认班组每位员工知道自己的责任。

②消除修井机和放喷管线附近的所有点火源，并检查放喷节流管线的阀门开关情况及固定情况，使用下风向的放喷管线。

③检查确认循环系统的正确连接，倒好闸门。

④ 清零泵冲计数器并记录开始时间。

建立循环时，要注意开泵和开节流阀操作人员之间的协调。为保持井底压力不变，开泵时应同时打开节流阀，并适当调节节流阀开度，使套压在整个开泵过程中保持不变，直到泵速达到压井泵速。但对于机械修井机来讲，这个过程很难实现。因为泵速会很快达到压井泵速，而节流阀调节滞后，使井底憋压。在这种情况下，可以使套压先下降1.5MPa，再开泵。

在整个压井过程中压井泵速应保持不变，如果泵速发生变化而不调整油管压力，井底常压就不能保持。因此，泵速的任何变化应通知节流阀调节人员，进行相应的调节。

表3－1　司钻法压井施工单

地面BOP压井施工单——直井	日期：____________ 井号：____________

井涌数据
关井立压 [　　　] MPa　关井套压 [　　　] MPa　钻井液池增量 [　　　] litres

压井液密度 (*KMD*)　在用钻井液密度+关井立压/（垂深×0.00981）
______ + __________ = ______ g/cm^3

初始循环立管压力 (*ICP*)　低泵速压耗+关井立压
______ + ______ = ______ MPa

终了循环立管压力 (*FPC*)　压井钻井液密度/在用钻井液密度 × 低泵速压耗
____________ × ______ = ______ MPa

(*K*)=*ICP*-*FCP*　MPa　(*K*)×100/(E)=　Mpa/100strokes

冲数	压力/MPa

静止及流动立管压力/MPa

泵　冲　数

表 3－2　工程师法压井施工单

地面BOP压井施工单——直井	日期：____________ 井号：____________

地层强度数据：

地层漏失时地面压力	(A)	MPa
测试时钻井液密度	(B)	g/cm³
最大允许钻井液密度= $(B)+\dfrac{(A)\times 102}{\text{套管鞋垂深}}=$	(C)	g/cm³
初始最大允许关井套压= $\dfrac{(C)\text{-在用密度}}{102}\times$套管鞋垂深		g/cm³

井的基本数据

在用钻井液密度		g/cm³
套管鞋数据：		
尺寸		mm
测深		m
垂深		m
井眼尺寸：		
尺寸		mm
测深		m
垂深		m

1号泵排量	2号泵排量
L/stroke	L/stroke

	低泵速压耗	
低泵速数据	1号泵	2号泵
冲/分		
冲/分		

预记录的体积数据：	长(m)	容积(L/m)	体积(L)	泵冲数(stks)	时间(minutes)
钻　杆	×	=		体积/泵排量	泵冲数/低泵速
加重钻杆	×	=	+		
钻　铤	×	=	+		
钻柱体积			(D)　L	(E)　stks	min
钻铤×裸眼	×	=			
钻杆/加重钻杆×裸眼	×	=	+		
裸眼体积			(F)　L	stks	min
钻杆×套管	×	=(G)	+	stks	min
环空总容积	(F+G)=(H)		L	stks	min
井眼系总容积	(D+H)=(I)		L	stks	
地面钻井液体积	(J)		L	stks	
钻井液总容积	(I+J)		L	stks	

第五步：调节油压循环溢流出井。

建立循环之后，读取此时的油压。应等于或接近压井施工单上计算的关井油压与低泵速压力之和。如果读取的油管压力不等于关井油压与低泵速压力之和，应查明原因。否则，按照实际油压调整油压控制图表。然后调节节流阀使油压值按照油压控制图表变化直至压井液到达井底，记录此时油压。

第六步：保持油压等于终了循环油压，直到压井液出井。

当压井液达到井底后，油管压力应降至终了循环压力。由于在此后的循环过程中，管柱内的流体密度不再发生变化，因此油压也保持在终了循环压力，不再变化。此时调节节流阀，保持油压不变，直到压井液充满环空。随着气体和受侵井液到达地面，气体将不断膨胀，使套压和循环池体积增加。在气体到达地面时，套压和循环池体积增量达到最大，这时是井控最关键的时刻，任何惊慌失措都会造成重大事故。由于环空内压井液液柱压力不断增加，应观察到套压逐渐降到零或所附加的安全压力值。

第七步：停泵、关井、检查压井效果。

当预计的压井液量全部打完，压井液返出井口后，可以停泵并关井。关井的程序与前面相同。停泵关井后，应观察到油压、套压都为零。如果油压、套压相同但大于零，则说明有圈闭压力或压井液比重计算不准，此时打开节流阀适当排放泥浆。如果油压、套压回到零且压井液流动停止，则说明压井成功。如果油压不降，压井液不停地流动，则说明压井液比重偏低，应继续压井。

3.2.4 反循环压井方法

反循环压井的优点有：

（1）排除溢流快。

（2）溢流和污染物处于油管柱内。

（3）套管压力较低。

（4）油管或钻杆的抗内压强度比套管高。

反循环压井的缺点有：

（1）过高的地面压力。

（2）忽略环空摩阻而安全系数不足会引起井底欠平衡。

（3）如果环空有气体必须用高泵速排除。

适合使用反循环的井况有：

（1）溢流已经在油管内（如反循环冲砂时发生溢流）。

（2）溢流需要从油管内出井或要快速排除（如钻杆测试流体硫化氢、二氧化碳等）。

（3）井口和套管密封性有怀疑时（如投产时间很长的井）。

不适合用反循环压井的井况有：

（1）当溢流已经在环空而且是气体溢流，除非气体溢流很接近井底（比如封隔器下面的气体）。

（2）当管柱下面有喷嘴或其他小孔眼时，这会引起大的管内摩阻使井底压力升高或易于堵孔。

（3）管柱中有回压凡尔的井。

3.2.4.1 反循环压井步骤

第一步：

（1）开泵，保持套压为关井套压加上安全压力（1.5MPa），随着泵速增高，用油管侧的节流阀调节套压，如果油管内摩阻已超过此值，则需要控制泵速。

（2）保持初始循环泵压，直到溢流排出。

（3）当溢流排出后，保持套压不变停泵。

注：此时油压和套压应该相等，如果井内液体密度足够大的话，这时地面压力理论上应该为零，（不考虑安全附加系数）如果此时井没有压住，准备适当密度的压井液准备压井。

第二步：

（1）保持套压不变的前提下开泵，（注意此时套压仍有第一循环的安全系数）。

（2）记录初始循环油管压力。

（3）保持此油压值不变直到压井液充满环空。

（4）记录终了循环套压。

（5）保持终了循环套压不变直到压井液返到地面。

（6）保持套压不变停泵。

3.2.4.2 反循环压井注意事项

1. 摩阻影响

环空摩阻对井底的影响在正循环时忽略它更安全，反循环时忽略它则较危险。开泵时应在套压上加部分压力，该压力应足以弥补环空压耗而不足以引起漏失。通常环空摩阻很小（一般小于100psi=0.7MPa）所以合理的附加压力通常在1.5MPa左右。如果井下有大直径工具（如封隔器），则需要较大的附加压力以克服环空摩阻。

2. 气体问题

如果反循环压井时环空内有气体（比如封隔器管尾周围的气体），就必须考虑另外一个因素，为将气体溢流泵入油管内，环空内液体流速必须大于气体滑脱速度。

试验证明气体上窜速度大约在300~1200m/h，具体数值取决于许多因素，其中之一是井液的类型。

应注意，由于气体上窜速度决定最小泵送速度，因此，很难控制油管摩阻不引起过高的井底压力而产生漏失的可能性。

许多井使用反循环压井是由于井口或套管状况太差，然而，由于反循环时管柱内容积小，溢流高度大，产生的地面压力比正循环还要高，但油管的抗内压强度通常都远高于套管，因此，油管的状态在井控过程中必须仔细考虑。图3-7表示同样溢流情况下，正循环法和反循环法井口压力比较。反循环时发生溢流后的初始关井油压远大于正循环发生溢流后的初始关井套压，对气体溢流循环到井口时也适用。

3.2.5 压井方法选择

1. 循环方法

二次循环法和一次循环法通常称为常规压井法，这两种方法都要求保持井底压力不变。但每种办法产生的井内和地面压力不同，这些不同的压力影响对选择压井方法是很重要的。如果套管耐压有问题且井内是气体溢流，反循环比正循环更好，因为正循环会导致套压的升高。

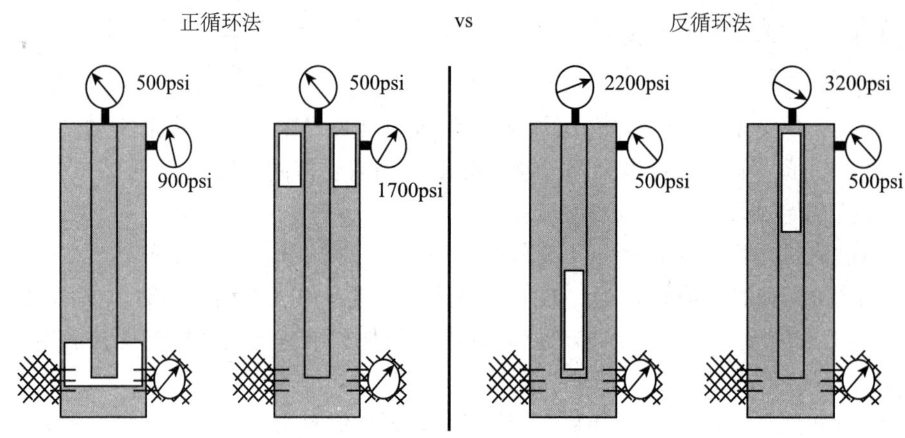

图 3－7　正循环与反循环比较图

2. 压井泵速

用于排出井内溢流的循环泵速要比正常循环泵速低很多，低泵速即指循环压井时所用的泵速，选择压井泵速时需考虑以下几个问题：

（1）井底的附加压力。

泵速越快，井底附加压力越大，易引起压井过程中的漏失，低泵速可以减少井漏的可能。

（2）加重能力。

在压井过程中，循环出井的流体有时需要加重，不论是加固体，加重盐水，或更换作业流体体系，这一过程需要大量时间，循环速度越快，用于加重的时间就越短，对加重能力要求就越多。

（3）溢流处理能力。

循环出井的流体需要进行处理，以免污染作业流体或环境。循环速度过快，对处理能力要求太高，往往很难达到。

（4）节流阀反应时间。

如前所述，循环法压井是通过调整地面压力来保持井底压力不变的。地面压力要靠在地面调节节流阀来控制，循环溢流出井，当溢流接近井口时，节流阀调节很困难（尤其是气体溢流）。循环速度越快，节流阀调节的反应时间越短。相反，低泵速可以使节流阀调节有更长的时间，保证少出错误。

（5）泵的情况。

有些泵功率和耐压能力不能满足大排量压井的要求，只能选择较低泵速来降低摩阻和泵压。低泵速受泵的机械性能的影响。最低泵速（尤其双缸泵）受柴油机最低转速的限制。现场通常用拆凡尔的方法减少排量。

（6）地面设备。

节流阀下游的地面设备是另一个井控重要设备。泵速越快，压力和振动就越大，使下游设备过早损坏，下游设备应固定好避免事故。

低泵速的范围应该在原泵速的 1/2、1/3 或 1/4，应根据现场情况加以选择。

低泵速压力只是反映在指定泵速下的摩阻。这些压力在管柱接近油层时应采集并记录，每当作业流体或管柱结构改变之后，低泵速压力应重做。

3.2.6 水平井与直井压井的不同

（1）在沿着油气层钻水平段期间发生溢流时，即使能迅速检测到并能迅速关井，其潜在的溢流量比直井大得多。

（2）水平段永远不是真正的水平，水平段的上下起伏，易使气体圈闭在“顶部口袋中”，因而，直到大量气体充满这些“顶部口袋”，然后才开始进入井的斜井段和垂直段，坐岗人员才能测量到溢流。

（3）关井前，大量气体侵入井内，关井套压可能达到或超过最大允许关井套压。

（4）当溢流在水平段时，气体膨胀很小，关于套压等于或接近于关井立压，循环罐体积变化很小或没有变化。

（5）气体溢流可能出现在比正常预期浅的部位，结果，气体到达地面的时间可能比预期的要短。

（6）气体进入薄弱地层时，比如断层、垂直裂缝，以及沿水平段地层的小空隙，在地面不能得到准确的关井数据，而且关井后，易造成井漏，有可能导致地下井喷或卡钻。

（7）在水平井中，钻柱结构一般与直井正好相反，一般为底部钻具组合＋钻杆＋加重钻杆＋钻铤＋钻杆。这样，溢流在井底附近，环空返速较小，而到上部地层时，由于环空体积减小，溢流拉长，环空返速迅速增加，环空静液压力迅速减小。

（8）压井循环时，水平段“顶部口袋”中的气体很难排出，要尽可能提高泵速并循环较长时间，保持井底压力不变，并把关井套压减小到最小值。

（9）水平井关井一般宜采用软关井以减少对地层和闸板的冲击效应，有利于安全压井作业。一般当地层的渗透性较好时，关井15min左右后读取关井立压，关井套压和泥浆池增量。关井立压和关井套压的差别不仅取决于流体密度和侵入流体在井内的长度，而且还取决于侵入流体是否已上升到垂直段或造斜段中。

（10）常规压井方法主要有司钻法、等待加重法和循环加重法。一般由于在水平井压井过程中，往往需要循环多次才能排出水平段中的气体，而且，在压井过程中很难控制立压的下降值，因此，很多承包商和作业者建议最好用司钻法压水平井。

3.3 非常规压井技术

3.3.1 挤注法压井

从地面泵入压井液，把进入井筒的地层流体压回地层的压井方法，叫挤注法压井，也叫硬顶法、压回法或平推法。

该方法是井口只留有压井液的进口，其余管路闸门全部关闭，用泵将压井液挤入井内，把井筒中的油、气、水挤回地层，挤完关井一段时间后，开井观察压井效果。必要时待管柱活动后，有循环条件的，可洗井，这样有利于提高压井效果。

该方法适用于以下情况：

（1）含硫化氢的井涌或空井溢流或有封隔器不能正常循环的井。

（2）套管下得较深、裸眼短、只有一个产层且渗透性很好的地层。

（3）油管堵塞或断裂，压井液不能到达井底。

（4）溢流量大，地面设施或套管无法承受。

（5）产层下面有一个漏失层，当压井循环时，大量的井液将漏入该地层。

其缺点是：可能将杂物（砂、泥）等挤入产层，造成孔道堵塞；需要压裂来解除堵塞，恢复油井生产。有些情况下挤注法控制井涌是最便捷的方法。在进行压井挤注之前，井眼要处于关井状态。井口压力通常处在最高值。泵送压力必须高于井口压力值以迫使流体泵入井中，这会给井眼、裸眼井段和井口作用更大的应力。在压井过程中最高压力不得超过井控装置的额定压力、套管实际抗内压强度和地层破裂压力值三者中的最小者。

3.3.1.1　挤注法压井原理

通过液柱压力和井口压力的共同作用，将地层流体压回地层，实现井筒压力平衡的方法。根据溢流位置，可分为油管压回法和环空压回法两种方法，如图3－8所示。

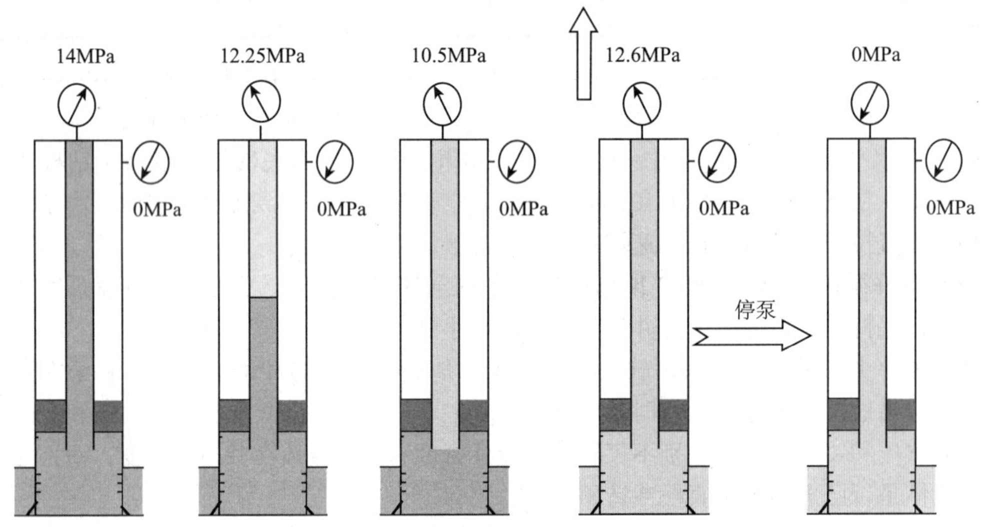

图3－8　挤注法压井

3.3.1.2　挤注法压井操作步骤

（1）关井，确定油管压力，若通过套管进行挤压，则确定套管压力和最大允许套压值。

（2）缓慢开泵，当泵压超过吸水压力时，井中流体开始进入到地层中去。这个压力可能会大大高出关井压力，但不要超过最大允许值。

（3）控制压井液下行速度大于气体向上运移的速度。

（4）一旦压井液开始进入地层，泵压会突然升高，停泵。

（5）关井，检测压井效果。

（6）如果仍能检测到地面压力，说明气体有可能向上运移的速度大于把气体向下压回的速度，或压井液密度值偏小。这时，可用挤注法压井技术进一步处理。

3.3.1.3　挤注法压井井口压力比较

假定井下条件、油管和地面设备能承受关井压力和挤压压井所施加的额外压力，则可以关井，以适当速度泵入压井液将井压住。图3－9比较了关井后压井作业套压变化曲线（曲线A）和关井后采用挤注法压井的作业套压变化曲线（曲线B）。

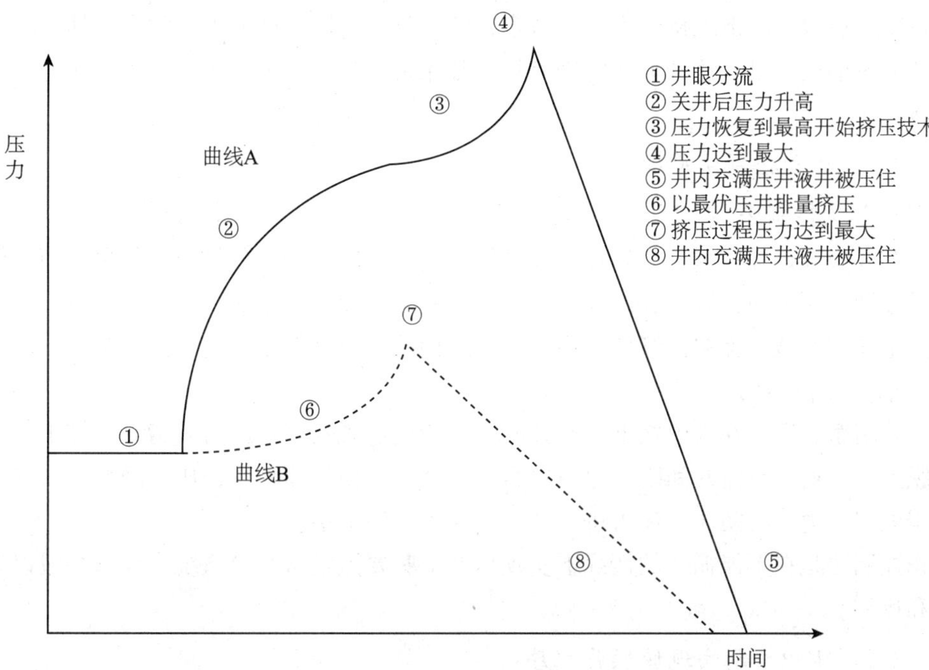

图 3－9　压井方法比较

曲线 A——关井后循环法压井作业——套压变化曲线；

曲线 B——关井后挤注法压井作业——套压变化曲线

每一种情形都必须根据具体情况仔细地判断。在考虑挤注法的多数情况下，如果在压力恢复升高前进行挤压的话，所产生的地面压力都较小，这决定于以下因素：

（1）井眼的几何形状（油管的外径、内径、井径、井斜等）；

（2）压力恢复的速度（井的喷量）；

（3）喷流的性质（压缩性、温度、密度等）；

（4）向井内泵送的速度；

（5）泵送压井液的密度和流变性。

3.3.1.4　压井步骤

（1）计算压井液密度和体积、确定泵压限额、确定泵速；

（2）所有管线试压；

（3）开泵至预期泵速，泵压不要超过地面设备压力限额；

（4）记录初始泵入压力，监视并记录泵入压力和泵入量；

（5）预计体积泵入并观察到泵压开始升高后，停泵；

（6）记录并监控地面关井压力。

3.3.2　体积压井技术

常规井控技术有时不能充分解决问题，因为有些情形下不能进行循环。体积控制法是在不能循环的情况下实现压井。其要点是从井筒系统中放出井液以允许气体膨胀和运移。

体积控制法其要点是在维持关井控制时，从系统中放出井液以允许气体膨胀和运移。这种方法的实质仍是“保持井底压力恒定”的技术。其目的是在不超过任何裸露地层破裂压力或设备压力极限情况下维持井底压力恒定，防止额外地层流体涌入井眼。在油管柱堵塞时或井内井液不能循环时，这种方法特别有用。如果使用“等待加重法”，在循环建立之前必须使用体积法。

3.3.2.1　体积控制法原理

1. 油管压力控制法

油管在井底或近井底时，如果环空和油管连通，问题不会十分复杂。如果井筒流体密度已知，通过油管压力便可直接算出井底压力，可用来指导压井作业。这种情况下，通过放掉环空中一定体积井液，保持油管压力不变，就会使井底压力保持恒定。

2. 套管压力控制法

当油管堵塞、管柱在溢流之上、空井时，只能通过观察套管压力来指导井控工作。随着溢流滑脱上升，通过节流阀间断放出一定数量的井液，使气体膨胀，压力降低，保持井底压力略大于地层压力。既防止气体再进入井内，又不压漏地层。

体积控制法是在不能循环的情况下实现压井。其要点是从井筒系统中放出井液以允许气体膨胀和运移。

3.3.2.2　体积控制法现场操作程序

（1）关井后，记下关井套压，允许套压增加到一预定的值（通常高于初始关井套压1～1.5MPa）。这可给井底压力施加一压力附加值以保证安全。这一安全附加值是必需的。因为从井中放出井液时难以维持确切的压力。在放井液过程中有压力波动，该井底压力附加值可防止更多的地层流体进入井筒。当然，在确定安全增量时一定要考虑到地层的破裂。如果过平衡太大，可能会引起地层破裂和由此而造成井漏，最恶劣的情况是可能引起地下井喷。

（2）把节流管线放液出口引到井液收集罐中，井液收集灌必须有刻度以便能准确计量放液量。

（3）计算每次放出的井液量 ΔV，其对井底形成的静液压力值 ΔP_m 一般取0.7MPa（$\Delta P=100$psi，IADC推荐数值）左右，为便于计算可设为0.5MPa或1MPa。

$$\Delta P_m = 10^{-3}\rho_m g H_m = 10^{-3}\rho_m g\left(\frac{\Delta V}{V_a}\right) \tag{3-20}$$

$$\Delta V = \frac{(\Delta P_m \times V_a)}{10^{-3}\rho_m g} \tag{3-21}$$

式中　ΔV——环空每次放出井液量，L；

ΔP_m——放出井液在井内形成的静液压力，MPa；

V_a——溢流顶部井段环空的容积系数，L/m；

ρ_m——原作业流体密度，g/cm³。

（4）监测关井套压，等待其升高一固定的数值 ΔP。

（5）当关井套压升高 ΔP 时，记录新的关井套压值。保持此新的套压值不变，缓慢地放掉井液并测量放掉井液的体积 ΔV，当其体积等于步骤（3）算出的体积 ΔV 时，关井。

（6）重复步骤（4）和步骤（5），直到气体到达地面或压力稳定为止。

（7）通过体积置换的方式可以使气体到达井口，要使井内气体放出井口必须用顶部压井法置换处理井内的气体。顶部压井法的基本操作步骤如下：

① 通过反循环管线注入一定量的井液，允许套管压力上升某一值，以不超过最大允许关井套压值为准。

② 当井液在重力作用下沉落后，通过节流阀慢慢释放气体，套压的降低值应等于注入井液的静液压力值。套压降到该值后，关节流阀。

③ 重复上述操作，直到井内充满井液为止。

顶部压井法操作要小心，释放气体要有耐心，不能过急，井内液气置换较慢，如果井较深和井液气侵程度大，用此法压井的时间可能会更长。

3.3.2.3　体积控制法的现场配套设备

（1）配套的设备必须能够准确的测量从节流阀放出的井液，可用小型计量。

（2）最好用手动节流阀取代遥控节流阀。配套设备如图 3－10 所示。对于特殊需要的井，可根据油田地质要求选用灌注法压井。即往井内灌注一段压井液，就可以把井压住，对于一些低压低产油层上返试油时采用。

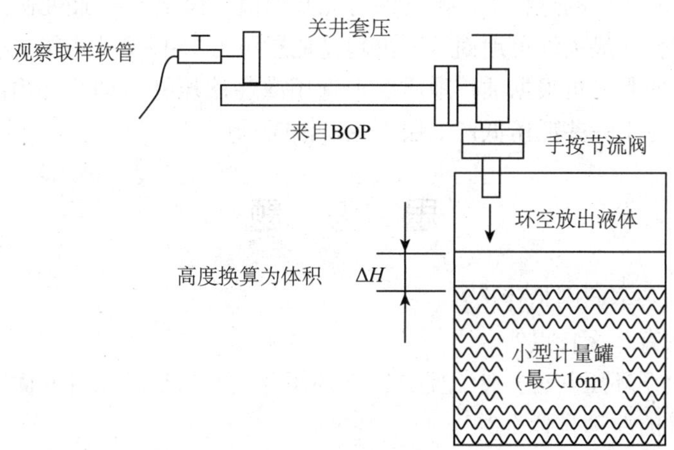

图 3－10　体积控制法的现场配套设备

3.2.3　置换法压井技术

3.3.3.1　置换法（顶部压井法）操作程序

（1）通过反循环管线注入一定量的井液，允许套压上升某一值，以最大允许值为准。

（2）当井液在重力作用下沉落后，通过节流阀慢慢释放气体，套压降到某一值后，关节流阀。

（3）重复上述操作，直到井内充满井液为止。

（4）置换法压井技术注意事项：

如果不知道气泡的位置，计算出的井液体积可能有误差，这就存在使井眼欠平衡的危险，会使额外的地层流体进入井眼，以致使控制过程复杂化。如果有油管压力的话，可用关井环空压力作为备用手段来指导压井过程。

保持环空压力恒定可能非常困难，这取决于气泡的运移速度和井队人员操作节流阀的能力。

气体到达地面时将少量的加重井液缓慢地泵入环空中。稀井液，如加重的盐水作用最好，因为其黏度较低能相当快地通过气侵井液下行。然后放掉气体，直到关井套压降低的值与泵入重浆产生的静液压头值相等为止。不要放掉液体，允许液体有充足的时间通过气体下行。泵重浆时由于压缩气柱可能增加地面压力，这一增加的压力也应放掉。

等待井液落到气帽以下后放气，应了解放出的是气体还是液体。

从同一个压力表上采集地面压力，压力表范围相当准确地在观察的范围之内（即避免在大刻度表盘上读小的读数）。如果地面有多处可读出压力，读压力时必须只使用一只压力表，而其他表仅作备用（即在步骤实施中间不要更换压力表）。

尽管这种方法不能最终地解决问题，因为有时会发生应泵入的加重井液没有泵入井内，但当不能循环或循环不理想时，它是解决气体运移的一种方法。当气体在井内上升时一定允许它膨胀，这一点应特别注意。否则，在裸眼层段或套管上会作用有较高的压力，这会造成地面或地下井喷。然而，这种方法比起循环出气侵井液的司钻法来讲并不更加困难或危险。

置换法所用装置压力用整个井液柱压力计算，作为相对值不求准确，只需作出合理的估计。在平衡整个井底压力的过程中，始终保持此基准值。设定一施加到地层和油藏上的最大压力。例如，套管鞋处最大许可地面压力可超过地层压力 1.4 ~ 2.1MPa。

对于特殊需要的井，可根据油田地质要求选用灌注法压井。即往井内灌注一段压井液，就可以把井压住，对于一些低压低产油层上返试油时采用。

思 考 题

1. 常规压井的基本原则是什么？
2. 常规压井法有什么特点？
3. 什么是一次循环压井法？什么是二次循环压井法？试比较二者的优缺点。
4. 体积法压井的原理是什么？
5. 挤注法压井的应用条件是什么？简述挤注法压井的操作程序？

第4章

采气井控设计

4.1 采气井控设计的基本要求

井控设计是采油采气建设工程设计的重要组成部分。三高井的井控设计应严格执行中国石化安【2011】907 号文《中国石化石油与天然气井井控管理规定》。普光气田具有地形复杂、超深、高含 H_2S、中含 CO_2、地层压力高、含气井段长、储层非均质性强、气水关系复杂等特点。为确保安全、环保、科学、高效开发普光气田，必须做好工程设计中的《井控专篇》。

1. 工程设计单位的资质

从事钻井、试油（气）和井下作业工程设计单位应持有相应级别设计资质，从事“三高”井工程设计的单位应持有乙级以上设计资质。

2. 设计人员的资格

设计人员应具有相应资格，承担“三高”井工程设计人员应拥有相关专业 3 年以上现场工作经验和高级工程师以上任职资格。

3. 《井控专篇》的内容

油气井工程设计和施工设计均应设立《井控专篇》。《井控专篇》以井控安全和防 H_2S 等有毒有害气体为主要内容。

4. 工程设计的审批程序

所有的设计按程序审批，“三高”油气井的工程设计由企业分管领导审批。组织工程设计与地质设计审查时，应有安全部门人员参与审查《井控专篇》。

采气井控设计的目的是满足生产及后续的酸压工艺施工过程中对井下压力和腐蚀的控制的需求，防止泄漏、杜绝井喷以及井喷失控事故的发生。

4.2 井控设计的基本资料要求

油气井基本资料是提供设计、施工的依据，主要包括基础数据、地质数据、钻井数据、完井测试数据以及试采数据等内容。

1. 基础数据

地理位置、构造位置、井口坐标、井别、井口装置规格、开完钻日期、完钻层位、人工井底、井斜情况等。

2. 地质数据

钻遇地层、录井显示、测井解释数据、区域地质资料，井场周围 500m 以内的居民住宅、学校、厂矿等分布资料。对高压、高产及含硫化氢天然气井应提供 lkm 以内的居民住宅等分布资料。气井与周围注水（气）井的连通情况，井位、道路和周围环境等情况。

3. 钻井资料

井身结构、套管数据、固井质量及其钻开油气层的作业流体性能、漏失量、井涌、取心情况等。

井身结构包括一口井的套管层次、各层套管的直径和下入深度、各层套管相应的钻头直径和钻进深度、各层套管外的水泥上返高度等。套管数据包括井段、外径、钢级、壁厚、抗内压、抗外挤、内容积等。

4. 完井测试基本数据

完井测试数据、测试成果两部分内容。

完井测试数据包括完井方式、井内管串结构、井内封层、中途测试数据、测试层位、完井液密度、测试成果（特别注明硫化氢、二氧化碳的含量）以及邻井的试油（气）作业情况。

测试成果包括地层压力、流体成分、流体产能、储层评价等。

5. 试采数据

产量、油压、套压、井口温度、井底流温流压、综合含水率、水井注入方式、注入压力等。

4.3 井控设计的主要内容

科学合理的井控设计，对于保证采气井控安全、气井长期高效生产具有十分重要的意义。要满足不同气藏流体下对井下压力和腐蚀的控制的工艺与安全的需求，所需人财物的资源差别甚大。工程设计应根据不同的施工目的，优化施工工序，计算施工参数，合理选择施工材料、设备和工具，以保证地质设计的顺利实施。

4.3.1 设计目的

采油采气井施工设计应根据施工目的和有关标准规定的要求，结合井身结构资料、井内管柱状况、产量数据（采油、采气）、压力数据（目前地层压力或本施工区域地层压力系数、井口压力等）、地层流体性质和气油比、硫化氢及其他有毒有害气体含量、邻井情况、井场周围环境等情况进行编制，主要内容是做好设备、器材、工具、用料、仪器等前期施工准备，确定施工步骤，达到安全施工目的。

4.3.2 设计原则

（1）保护油气层。油层一旦发生损害，补救是很困难的，需要付出昂贵的代价，因此，设计时应该考虑油气层的保护。

（2）成本与安全。成本与安全的平衡是设计的一项重要原则。降低成本的方法很多，但是井控所需要的器材、设备和人员应当得到绝对的保证，否则将会产生严重的后果。一般来说，在安全与成本发生矛盾时，应以安全作为首先考虑。

（3）保护环境。环境保护是我国的基本国策，设计时应充分考虑设计风险对环境带来的影响。

4.3.3 设计内容

施工设计包括目的、基础数据（产量、压力）、目前井下状况、施工要求、施工步骤、安全注意事项、井控安全要求及预防井喷措施等。

（1）按照压力等级、流体特性等情况，选用相应类型及大于地层（或最高关井井口）压力等级的井口装置。

（2）确定入井液类型、性能、数量及压井材料准备。

（3）施工步骤明了细化，针对每道工序有对应的井控措施。

（4）有井控安全注意事项，对可能出现的异常情况和紧急应对措施进行详细表述。

（5）对井场周围一定范围内的居民住宅、学校、厂矿、国防设施、高压电线和水资源等情况进行勘察核实，在施工设计中标注说明并制订相应的井控预防疏散措施。

（6）提醒施工人员及其他有关人员注意的问题应清楚、明了。

（7）井场设备就位与安装、工具摆放应符合有关规定，道路及井场布置应能满足突发情况下应急需要。

4.3.4 压井液设计

压井是将具有一定性能和数量的液体泵入井内，使液柱压力平衡地层压力的过程。压井是修井施工、油气水井拆卸（打开）井口前最常用、最基本的作业，是其他作业的前提。压井的关键是正确确定地层压力，选择性能合适的压井液。常用的压井液有清水、污水、卤水、钻井液、无固相钻井液等。

4.3.4.1 压井应采取以下产层保护措施

（1）选用优质压井液；

（2）对于低产低压井，在保证井控安全前提下采用低密度压井液；

（3）在有井控安全措施的情况下，可采取不压井作业；

（4）液池（罐）干净无杂物，作业泵车和管线要进行清洗；

（5）加快施工速度，完井后要及时开井生产。

4.3.4.2 压井液设计

1. 选定压井液的原则

在确保不发生井喷的前提下，充分考虑油气层保护；性能满足本井、本区块的地层要求；能满足正常施工要求，经济合理。

2. 压井液性能

压井液性能的好坏直接影响着施工安全，应具有与地层岩性配伍、密度可调、在井下温度和压力条件下稳定、滤失量少、有一定携带固相颗粒的能力等功能。

3. 密度计算

（1）地层压力法：依靠增加井筒液柱的回压来制止井喷，要求压井液柱形成的井底压力至少与地层静压相平衡。即：

$$p_{地层} = p_{液柱} + p_{地面} \tag{4-1}$$

要保证井控安全，必须提高井筒液体的密度，在平衡密度值上再附加一个值，其计算公式如下：

$$\rho_m = \frac{p}{10^{-3}gH} + \rho_e \tag{4-2}$$

式中 ρ_m——压井液密度，g/cm³；

p——地层压力，MPa；

g——重力加速度，m/s²；

H——油气层深度，m；

ρ_e——安全附加值，油井为0.05～0.10g/cm³，气井为0.07～0.15g/cm³。具体选择安全附加值时，根据地层压力预测准确度及预测的有毒有害气体情况来确定。

（2）附加系数法：压力系数是油气层原始地层压力与静水柱压力的比值。通过预计油气层压力系数来确定压井液密度，具体方法是以最高地层压力为基准，再增加一个附加值，其密度由下式确定：

$$\rho_m = \rho_{pmax} + \rho_e \tag{4-3}$$

式中 ρ_{pmax}——油气层静压力当量密度，g/cm³。附加系数法与地层压力法本质上是一样的，只是公式形式上不同而已。

4. 压井液准备量

压井液准备量一般为井筒容积的1.5～2倍，浅井和小井眼为3～4倍。井筒理论计算公式如下：

$$V = \pi D^2 H/4 \tag{4-4}$$

式中 V——井筒容积，m³；

D——井筒内径，m；

H——井深，m。

4.4 井口装置选择

采油采气井井口装置主要包括采油（气）树、防喷盒、防喷管、压裂井口、闸门等密封装置。关于井口装置的内容，在第八章中进行了详细介绍，这里仅对选用原则与要求作一些基本阐述。

4.4.1 井口装置的选择原则

（1）井口装置必须是具有该类产品生产资质的制造商生产的合格产品。

（2）井口装置压力等级的选择应以地层压力或注入压力为依据，同时考虑流体性质、环境温度及生产、作业过程中的最高关井井口压力。最高关井井口压力值按以下方法确定：油井井口最大压力值等于油层静压与相应深度液柱压力的差值；气井井口最大压力值等于井筒全部为气体时的最大地层压力值；关井最高压力不得超过井口装置的额定工作压力、套管抗内压强度的80%和地层破裂压力三者中的最小值，否则应及时采取导流放喷措施，防止憋坏井口、酿成事故。

4.4.2 井口装置的试压、检查保养与维修

（1）拆卸或更换井口装置后，要按照相关标准进行试压，确保施工质量。

（2）井口装置要定期进行腐蚀状况、配件完整性及灵活性、密封性等方面的专项检查和维修保养，并做好记录。

思　考　题

1. 采气井控设计的基本原则是什么？
2. 采气井控设计的主要有哪些内容？

专业知识篇

第5章

普光气田开发与完井概况

普光气田属于特大型超深高含硫化氢、中含二氧化碳的海相整装气田，截至2012年12月，普光气田共上报探明天然气地质储量4121.73×10^8m^3，动用天然气地质储量2583.15×10^8m^3，天然气可采储量1483.27×10^8m^3，未动用天然气地质储量1538.58×10^8m^3。气藏中部埋深5600m、硫化氢平均含量15.2%、二氧化碳含量8.6%。气藏平均压力56MPa，普光主体压力系数介于1.00~1.18，毛坝1-3井区压力系数1.38~1.84，大湾气藏压力系数介于1.08~1.25之间；毛坝气藏4、6井区压力系数1.28~1.30。地层复杂，从陆相到海相存在多套压力系统；投产实测全井段无阻流量（94~705）×$10^4m^3/d$。

5.1 普光气田地质概况

普光气田位于四川省达州市宣汉县，地表属中~低山区，地面海拔300~1200m，沟壑纵横、水系发育，气候潮湿、降雨频繁，人口密集，交通不便。普光气田东北部紧邻铁山坡气田，东南部距渡口河气田约17.5km，距罗家寨气田约26.5km。

2001年中国石化在川东北东岳寨—普光构造上部署了探井普光1井，主要目的层为下三叠统飞仙关组。2001年11月3日开钻，2003年4月27日钻至井深5700m完钻，钻遇气层厚度达279m。2003年8月10日测试，获工业气流42.37×$10^4m^3/d$，从而发现了普光气田。

2005年12月第一口开发井P302-1井开钻，标志着普光气田正式进入产能建设阶段。2009年10月投入试生产，2010年3月正式投产，2012年5月实现整体投产，建成110×$10^8m^3/a$天然气生产能力。

普光气田主体气藏类型长兴组为带有限底水的常压、低温、碳酸岩孔隙型高含硫化氢干气藏；飞仙关组为带边水的常压、低温、碳酸岩孔隙型高含硫化氢干气藏。大湾区块气藏类型为带边底水的常压、低温、碳酸岩孔隙和溶洞高含硫气藏；毛坝区块气藏类型为常压、常温、碳酸岩孔隙和溶洞高含硫气藏。

综上所述，普光气田整体具有气层分布受岩性和构造双重控制、超深、高含H_2S、中含CO_2、发育边底水等特征。研究认为普光气田主体、大湾气藏、毛坝气藏，气藏类型为特大型、超深、高含H_2S的构造-岩性碳酸盐岩气藏。

普光气田具有地形复杂、超深、高含H_2S、中含CO_2、地层压力高、含气井段长、储层非均质性强、气水关系复杂等特点。为确保安全、环保、科学、高效开发普光气田，必须根据气田地质特点、钻采及集输工艺水平等，制订科学、合理的开发方案。

5.1.1 普光气田主体开发部署

2007年2月，普光气田主体整体探明，累积上报探明含气面积59.58km^2，天然气地质

储量 $2782.95\times10^8m^3$。2008 年 3 月 30 日编制完成《普光气田主体开发调整（优化）方案》。设计动用储量 $1811.06\times10^8m^3$，部署井台 18 座，开发井 40 口（利用探井 1 口）。平均单井配产 $60\times10^4m^3/d$，建成天然气生产能力 $80\times10^8/a$，采气速度 4.4%，预测稳产期 8 年，如图 5－1 所示。

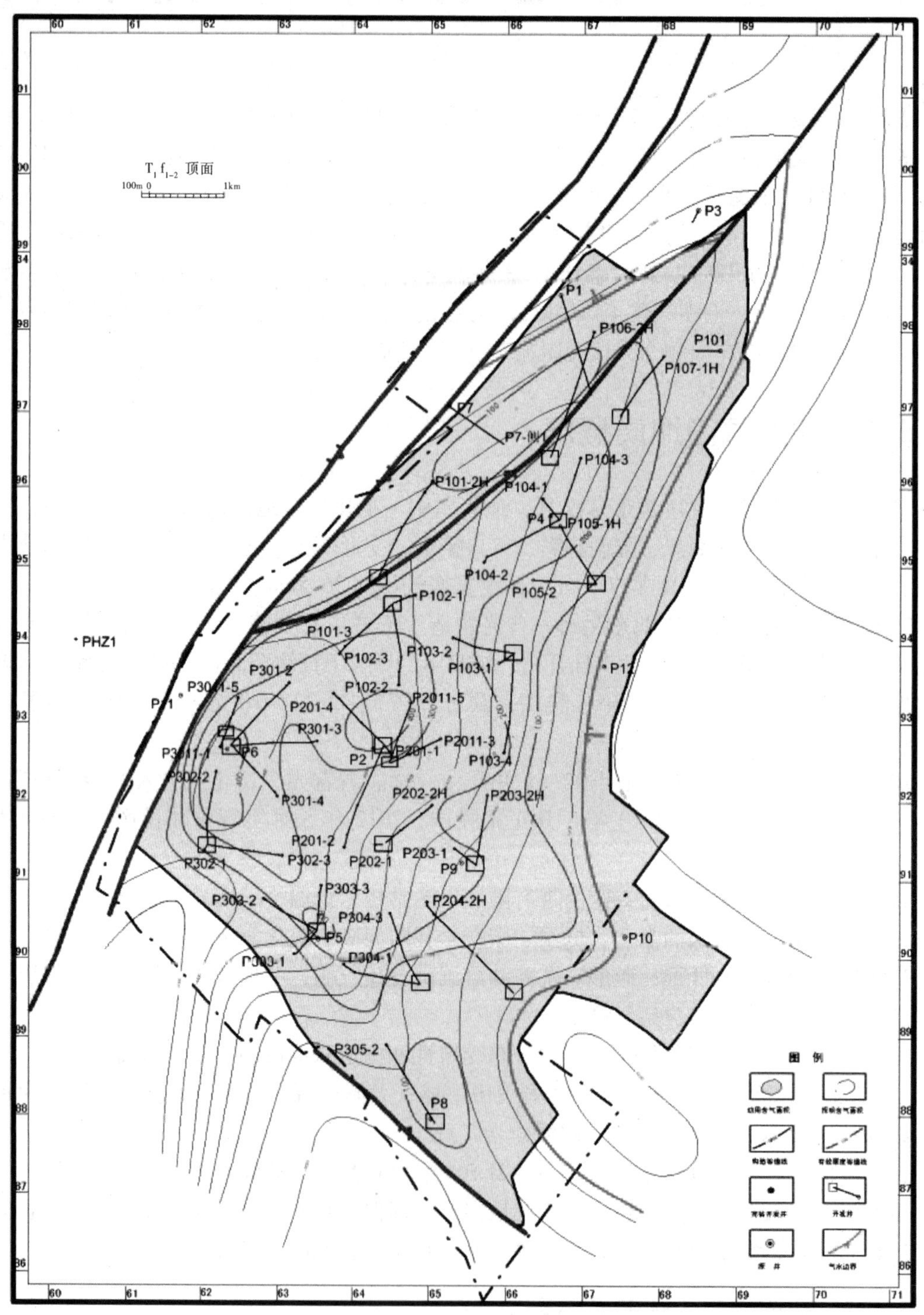

图 5－1 普光气田主体开发井位部署图

5.1.2　大湾区块开发部署

2009 年 12 月 23 日编制完成《普光气田大湾区块跟踪优化方案》。2008 年 12 月大湾——毛坝区块整体探明，累计上报探明含气面积 55.18km^2，天然气地质储量 1267.84 × 10^8m^3。方案设计动用储量 768 × 10^8m^3，部署井台 7 座，部署开发井 14 口，其中新钻开发井 9 口，平均单井配产 65 × $10^4m^3/d$，计划建成天然气生产能力 30 × $10^8m^3/a$，采气速度 3.9%，预测稳产期 9 年，如图 5 - 2 所示。

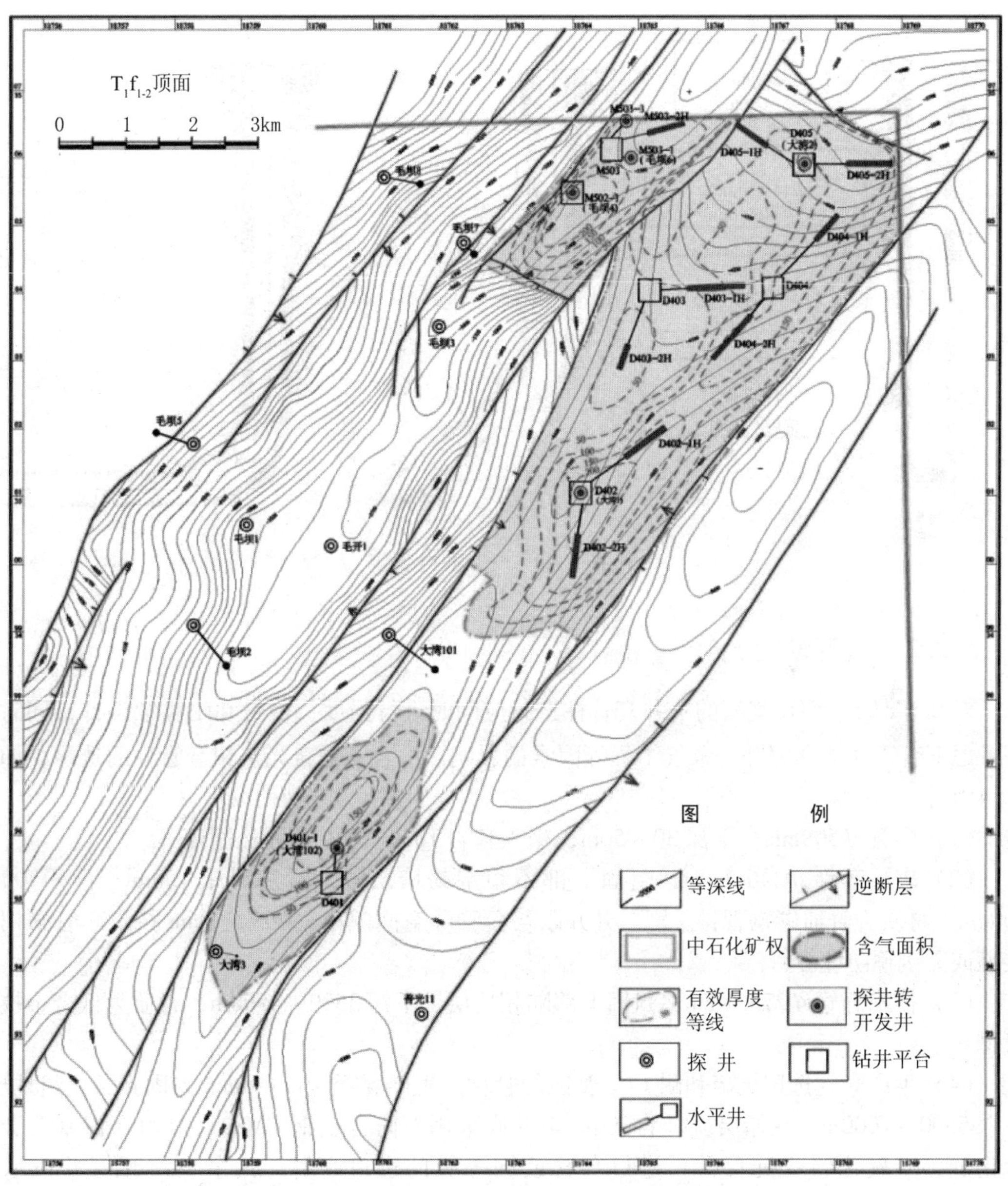

图 5 - 2　大湾气田主体开发井位部署

5.2 完井概况

5.2.1 井型设计

根据储层发育情况，普光气田主体以定向井为主，边部气层厚度薄的部位部署水平井；大湾区块新钻井全部设计为水平井，如图 5－3 所示。

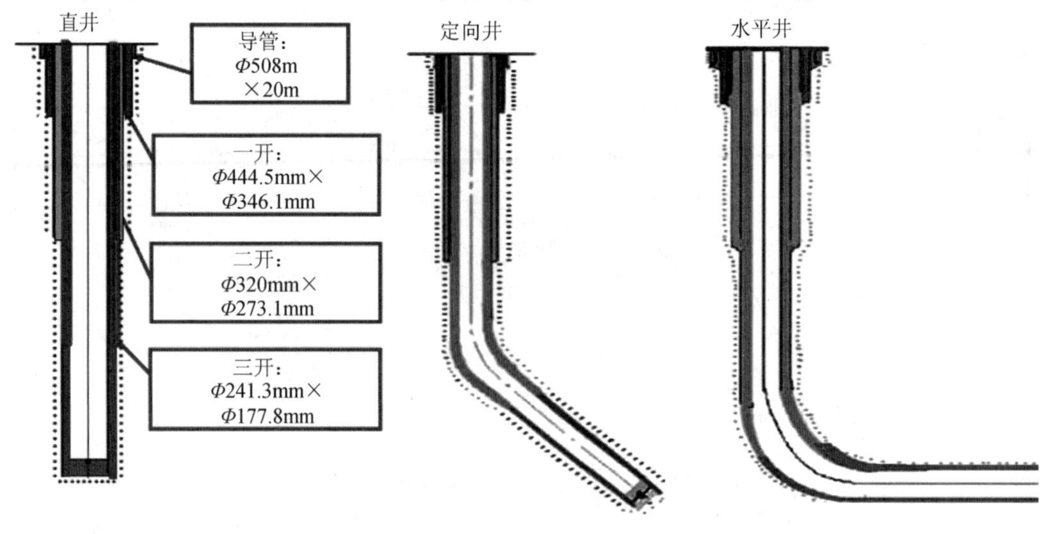

图 5－3　气井的类型

5.2.2 套管管柱

对高含 H_2S、CO_2 气藏的气井套管柱选材应同时进行强度、密封和耐腐蚀设计，同时还需考虑下套管作业和完井、采气工程等因素的影响。综合考虑普光气田套管柱的选材，如图 5－4 所示。

（1）导管 Φ508mm，下深 30～50m，坐入基岩 10m，建立钻井液循环。

（2）表层套管 Φ346.1mm，封固上部不稳定易垮层段，封过河床 100m，下深 700～1000m。材质为普通碳钢管材。因二开井眼与套管环空间隙小，Φ273.1mm 技术套管采用小接箍或无接箍防硫套管。

（3）技术套管 Φ273.1mm，封固上部陆相地层，下深 3500～4500m，材质为低合金抗硫管材。

（4）生产套管选用抗硫和耐 CO_2 腐蚀的管材。生产套管 Φ177.8mm 封固到长兴组地层，下深 5500～7000m，在储层顶以上 200m 至井底采用双防合金钢 VM825－110（镍基合金抗硫化氢、二氧化碳双抗管材）进口套管或同等级的进口套管，其余生产套管井段采用 TP110SS、TP110TS 国产套管或同等级的其他套管。

井下套管柱长期在高温高压下工作，必须耐高压，具有良好的密封性，所以套管柱采用金属气密封扣连接。

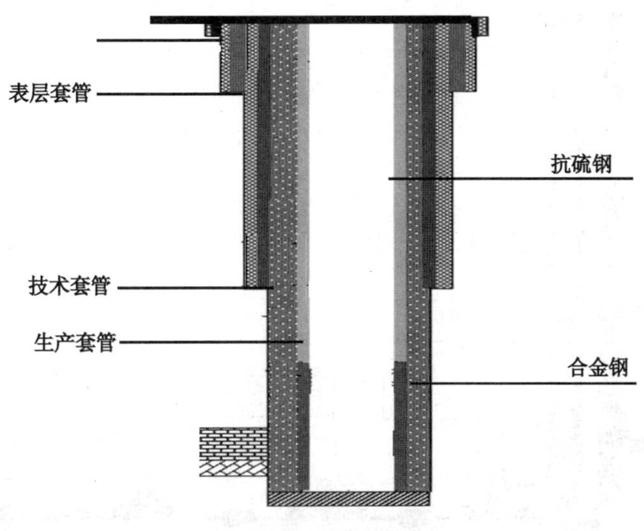

图 5-4　套管管柱图

5.2.3　完井管柱

完井，是指在井底建立油气层与油气井井筒之间的连通渠道或连通方式。根据油气层地质特性和开采的不同技术要求，在井底建立的油气层与油气井井筒之间的连通渠道也不同，也就构成了不同的完井方式。

普光气田主体为碳酸盐岩气藏，储层厚度大，气藏有效厚度 200～425m，纵向非均质性强，岩性交互复杂，均采用套管射孔方式完井，大湾区块略有调整，优选出四口井采用裸眼完井方式。

保护油层套管免遭 H_2S、CO_2 的腐蚀和不承受较高的压力是管柱设计的关键，采用带永久式封隔器的一次性完井管柱能满足此要求。如图 5-5（a）、（b）、（c）所示三种完井管柱的基本参数为：

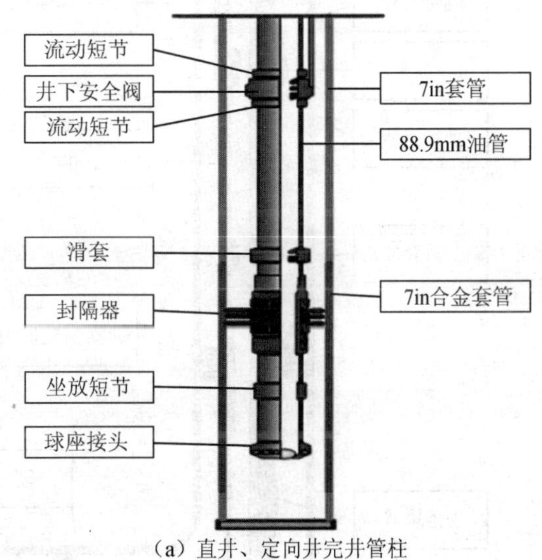

（a）直井、定向井完井管柱

图 5-5　普光气田生产管柱方案示意图（1）

（1）油管采用高镍基合金钢材质油管（G3 或 SM2550），管柱采用 VAM TOP、3SB 等金属密封扣连接。

（2）在气层顶界 50～100m 处下入抗 H_2S、CO_2 腐蚀的永久式封隔器密封油套环空。

（3）油套环空加环空保护液，保护上部套管和油管。

（4）在地面以下 100m 左右的位置安装有耐 H_2S 和 CO_2 腐蚀的井下安全阀（SCSSV），可实现在井口失控的情况下井下关井。

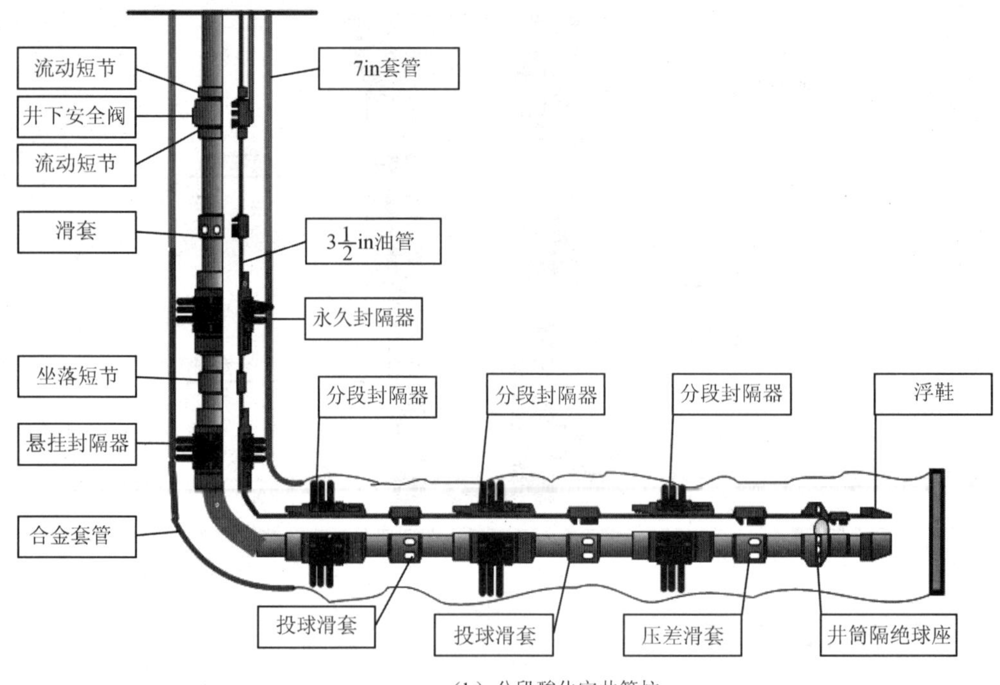

（b）分段酸化完井管柱

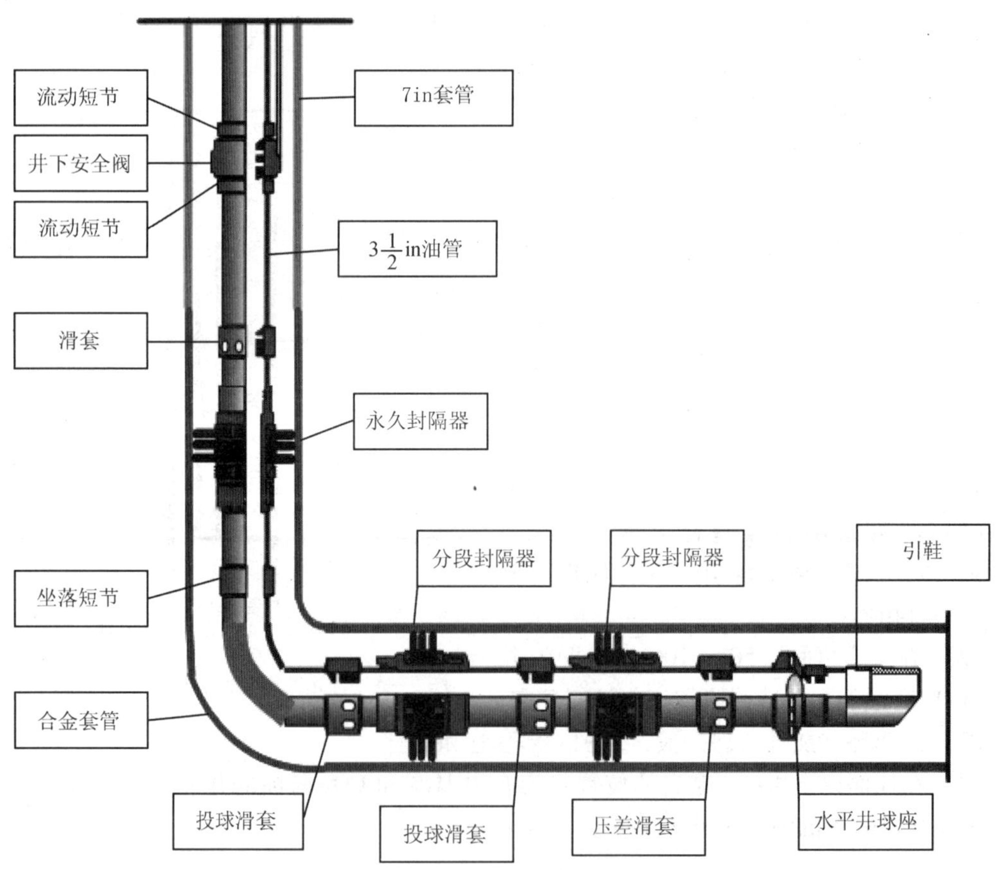

（c）裸眼水平井分段完井管柱

图5－5　普光气田生产管柱方案示意图（2）

普光气田主体采用带永久式封隔器的一次性完井管柱，该管柱主要有油管、井下安全阀（SCSSV）、流动短节、伸缩短节、循环滑套、永久式封隔器、坐落短节、剪切球座等组成。在构造上合理的位置选取重点监测井，完井管柱上带有井下压力、温度监测仪器，实时监测井底温度和压力。套管变形严重永久式封隔器无法通过套变段下入预定位置的气井，还下有遇油膨胀封隔器。

大湾区块部分水平井完井管柱略有不同，主要有井下安全阀（SCSSV）、循环滑套、永久封隔器或悬挂封隔器、分段封隔器（或裸眼段封隔器）、投球滑套、压差滑套、水平井球座（或球座浮鞋），井下配套工具材质为 Inconel 718，耐压等级为 70MPa。

1. 井下安全阀（SCSSV）

对于高含 H_2S 和 CO_2 的气井，为了确保安全生产，在完井生产管柱上安装一个安全阀，距地面 100m 左右，通过液压控制管线进行控制，控制管线加压使安全阀保持在打开状态，压力释放后安全阀关闭。如果发生井喷，可以人为控制下可靠关闭，保护人员、财产和环境的安全。

2. 封隔器

高含 H_2S 气井中封隔器的主要作用是封隔油层套管与产层，使套管在完井作业及开采期间不承受高压和酸性气体的腐蚀。使用的永久式封隔器能承受较高的压力和温度，具有较强的耐腐蚀性，少数井还装有遇油膨胀封隔器。

（1）永久式封隔器。永久式封隔器一般采用双向卡瓦，为保证上部管柱能够在下次作业时能正常取出，配备有插入式密封（图 5－6）。

（2）遇油膨胀封隔器。遇油膨胀封隔器是一种新型的完井工具（图 5－7）。在井漏无法进行传统的下套管固井施工时，遇油膨胀封隔器能有效地使产层实现分隔，以达到分层试油的地质要求。

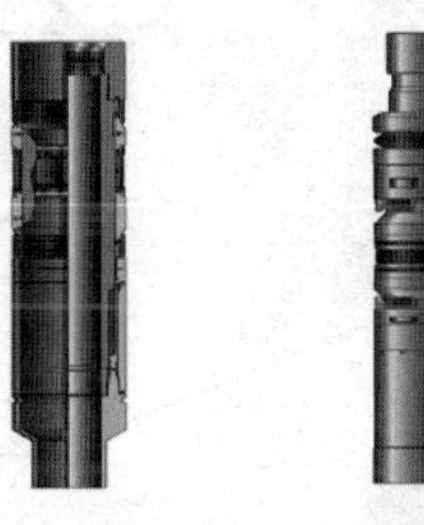

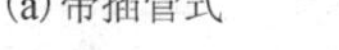

(a) 带插管式　(b) 双向卡瓦式

图 5－6 封隔器结构图

图 5－7 遇油膨胀封隔器结构图

3. 流动短节

壁厚大于油管柱的短管，用来延缓安全阀上下因管径变化形成的紊流对油管的冲蚀破坏。流动短节通常用在流体通管中内径有明显变化会引起湍流处的上方。

4. 坐放短节

用于坐放封隔器或井下测试仪器。

5. 循环滑套

循环滑套是连接油套环形空间的开关，打开时用于油套管循环，关闭时切断油套管之间的连接通道。操作时通过电缆或钢丝下入专用的开关工具，将滑套的循环阀打开或关闭。

6. 剪切球座

剪切球座可以通过不同的油管扣连接到封隔器下部。当完井管柱下到位置后，丢入坐封球，当球到达球座的位置后，向油管加压坐封封隔器。继续加压，球座剪切。剪切球座后工具保持通径。

5.2.4 完井井口装置

完井井口装置主要指的是钻井、完井结束后的井口装置。这里主要指的是套管头。

套管头是安装在表层套管柱上端，用来悬挂除表层套管以外的套管和密封各层套管环形空间的井口装置部件。它的下端一般通过螺纹与表层套管相连，上端通过法兰或卡箍与钻井井口装置或完井井口装置相连。因此，在钻井期间，套管头是井口防喷装置的组成部分，在完井之后，又是采油气井口装置的永久组成部分（图 5－8）。

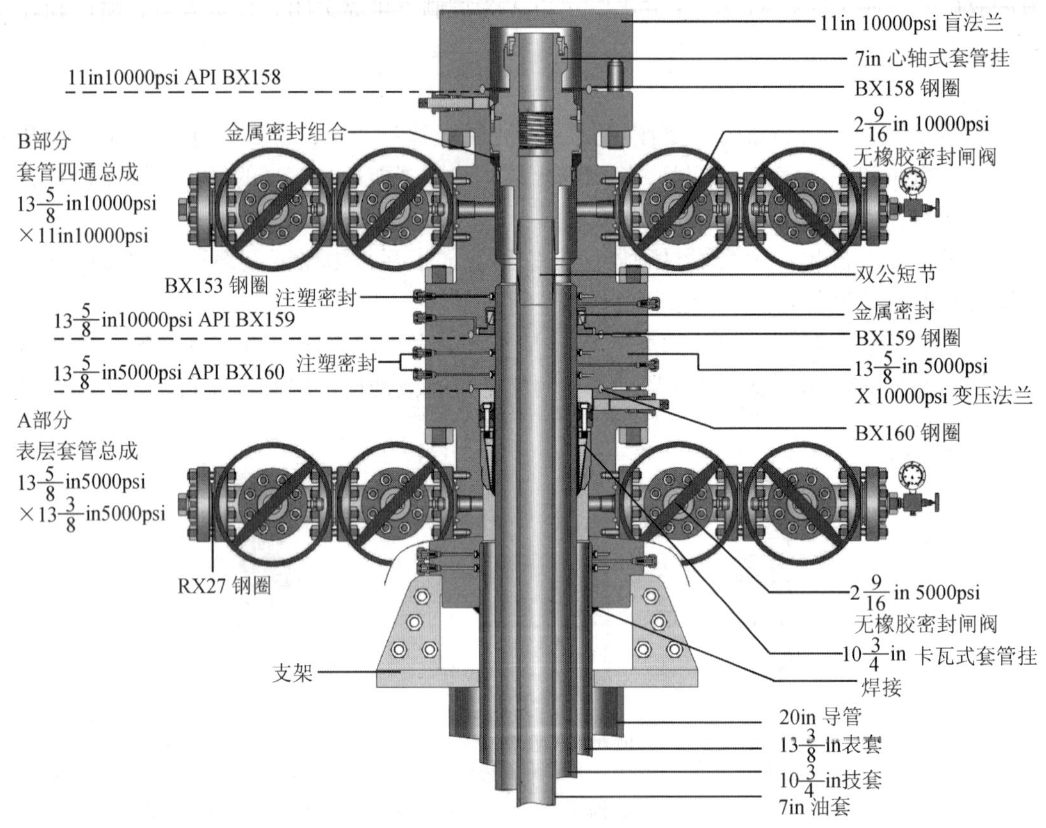

图 5－8 普光气田套管头配置图

5.2.4.1 套管头的作用

套管头的作用主要体现在以下 6 个方面。

（1）套管头安装在套管柱上端，悬挂除表层套管以外的各层套管的部分或全部重量。

（2）连接防喷器等井口装置，能使整个钻井井口装置实现压力匹配。

（3）能在内外套管柱之间形成压力密封。

（4）为释放聚积在两层套管柱之间的压力提供出口。

（5）在紧急情况下，可由套管头侧孔处向井内泵入流体（压井液）。

（6）可进行特殊作业：

① 从侧口处补注水泥；

② 酸化压裂时，可从侧孔处注入压力平衡液。

5.2.4.2　套管头的结构

套管头由套管四通、套管悬挂器、顶丝总成、法兰式平行闸阀、连接件、压力显示机构等组成。

套管四通底部采用两道 BT 密封，在高压下将密封脂经单向阀注入 BT 密封圈内，挤压 BT 密封圈，起到密封作用，且可以在两道 BT 密封圈之间试压。套管四通侧出口为载丝法兰连接，并带 VR 堵螺纹，可以在不压井的情况下更换阀门。套管四通上法兰带有顶丝，用于顶住防磨套及压住悬挂器；下法兰有试压孔，用于检查环空和两道 BT 密封圈的密封情况。套管四通内腔设计有套管卡瓦悬挂器坐落台肩。

套管悬挂器座挂在套管头本体台阶上，由于套管的悬重，金属与金属的接触就产生刚性被动密封。套管悬挂器与套管的密封为螺纹密封。

套管头法兰上有顶丝，用于锁定防磨套（保护密封面），在座挂套管悬挂器后，又能将套管悬挂器锁定。若顶丝处出现渗漏，可拧紧压帽，使密封生效。

套管头四通两侧口法兰，一端接平板阀、盲法兰，另一端接平板阀、丝扣法兰、接头、截止阀及压力表，经压力表可观察两套管层之间的环空压力。

5.2.4.3　普光气田套管头使用要求

1. 套管头密封要求

表套与套管头采用抗 H_2S 和 CO_2 的橡胶密封，套管头本体与表套焊接。

技套采用卡瓦悬挂，其密封采用两级密封形式：一级密封为卡瓦悬挂器总成抗 H_2S 和 CO_2 的橡胶密封；二级密封为双保险的一道金属密封和一道抗 H_2S 和 CO_2 的橡胶注塑密封，与芯轴式套管悬挂器配套的金属密封采用 HH 级（825 合金）材料。

芯轴式套管悬挂器与套管头采用金属密封组合，实现全金属密封。

2. 旁通要求

第一层和第二层套管头均采用双翼双阀旁通形式，旁通阀为暗杆、全通径、双向密封闸阀；侧通径，配试压堵头，LP 扣外连接接口。闸阀额定压力、材质与套管头匹配。与套管头配套的闸阀采用阀板、阀座与阀体金属对金属密封的形式，闸阀内无任何橡胶密封，阀体及阀盖均采用锻件，可换向安装使用；具有阀中有阀的功能，可实现现场带压更换阀杆密封。

5.3　采气工艺流程

高含硫化氢气井采用全湿气加热保温混输工艺。天然气从采气树经过一级节流后直接进入集气站集输管线。为了防止一级节流后水合物的生成，在井口一级节流后设计了甲醇加注管线，通过甲醇的加注来抑制高含硫化氢天然气管线水合物的生成。在投产初期，井底大量的酸液会随高含硫化氢天然气一起产出，为降低对管线的腐蚀性，在二级节流后增设了分酸分离器（井口分离器），通过该设备来分离出高含硫化氢天然气中的酸液，酸液从分酸分离器直接排至酸液缓冲罐存放。为了减轻高含硫化氢天然气对管线的腐蚀，在进加热炉前设置了缓蚀剂加注管线。通过加热炉的节流加热之后，高含硫化氢天然气已经达到外输所要求的压力和温度，通过汇管的汇集，直接外输。工艺流程图如图 5－9 所示。

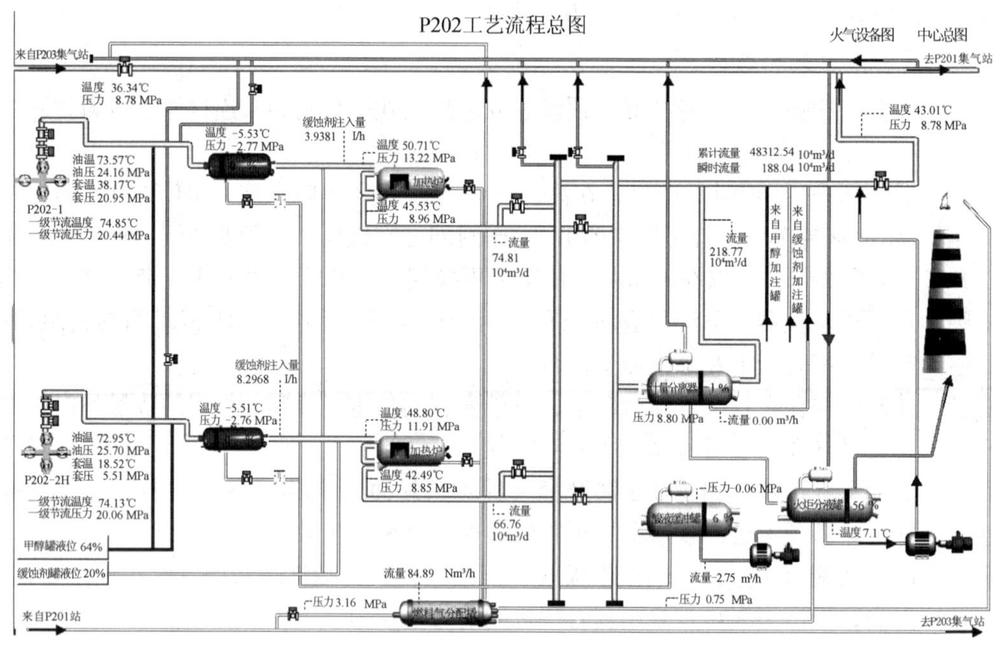

图 5－9　高含硫气井采气工艺流程

思　考　题

1. 普光气田主体的产层集中于______，属于______沉积地层，岩石类型主要为______和______。

2. 储层岩石________和________比值的大小能间接反映储层岩石的裂缝发育情况。

3. 普光气田主体天然气组分总体上以________为主，属于高含______中含______的干气藏。

4. 普光主体构造依据断层走向分为北东向和北西向两组断裂体系，主要包括哪几条断层？

5. 根据普光气田开发方案的总体要求，进行丛式井组的开发部署，主要井深结构是______、______、______。

6. 普光气田主要采用的完井方式为（　　）

A. 衬管完井　　B. 射孔完井　　C. 裸眼完井　　D. 尾管完井

7. 易熔塞熔化温度为________，关断时________及______均关断，________在________延迟约 20s 后关闭。

8. 当井口镍级管线压力高于________或低于________时，地面安全阀（SSV）关闭。

9. 天然气水合物的形成，必须具备以下几个条件：（1）________；（2）________；（3）________。H_2S、CO_2 的存在，能加快水合物的生成。

10. 固井时所使用的套管附件和工具应与套管柱强度一致。（　　）

11. 套管通井目的是使套管内壁光滑畅通，为顺利下入其他下井工具清除障碍。(　　)

12. 岩性坚硬致密，井壁稳定不坍塌的碳酸盐岩储层应该采用射孔完井。(　　)

13. 普光气田采用的射孔工艺是油管输送射孔。(　　)

14. 井下套管柱必须具有良好的密封性，但不用耐高压。(　　)

15. 简答题

(1) 简述普光气田完井管柱的结构。

(2) 高含 H_2S 气井中封隔器的主要作用是什么？

(3) 简述套管头的作用。

第6章

采气井控设备

6.1 井控设备

6.1.1 井控设备

井控设备是指实施油气井压力控制及工况实时监测所需的一整套井口装置、井口控制装置、井口监测装置、专用工具及管汇等设备。

6.1.2 井控设备的组成

普光气田高含硫气井的井控设备（图6－1）根据功能主要分为四部分，即井口装置、控制装置、监测装置和多功能控制管汇，如图6－2所示。这四部分协同作用，使高含硫气井开、关井动作迅速、操作方便，同时具有多点操控、可手动辅助操作等功能，使系统运行安全可靠，保证了普光气田的安全高效生产。

图6－1 普光气田气井井控设备

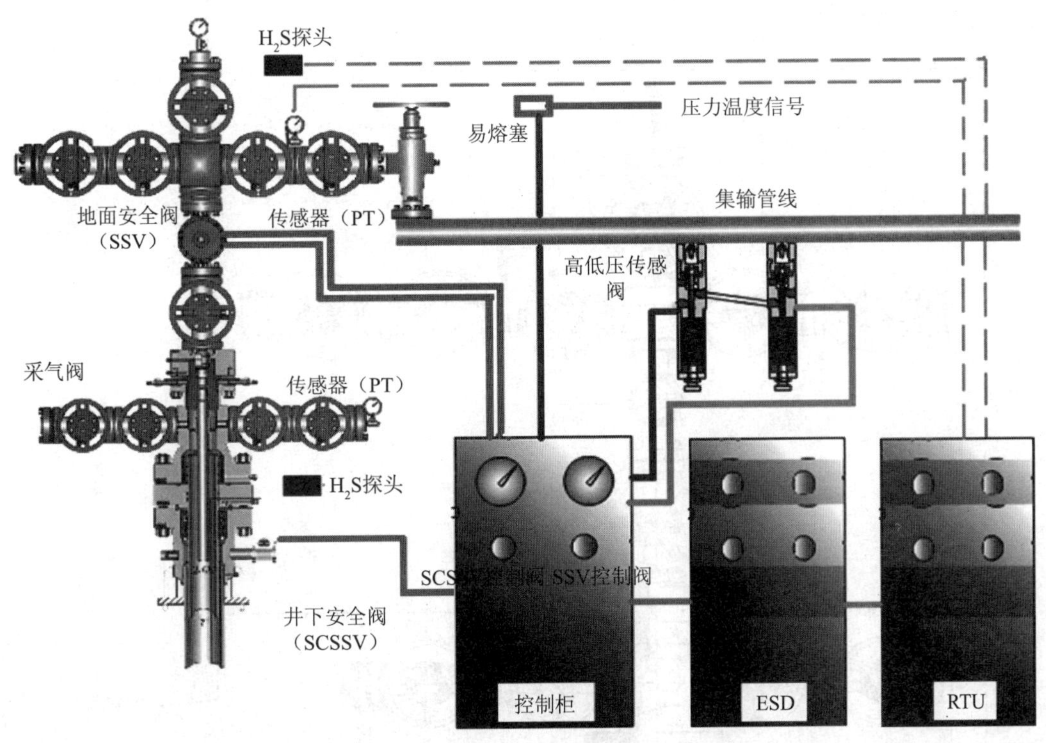

图 6 - 2　井控设备的组成

采气井控设备是安全生产的关键设备，具有以下主要功能。

（1）保持气井安全平稳生产。在生产过程中利用井口装置、控制装置、监测装置和多功能控制管汇等实现压力控制，保证安全平稳生产。

（2）及时发现异常。在生产过程中进行实时监测以便尽早发现异常，及早处置。

（3）便于生产技术措施的实施。如加注防腐剂、环空保护液和泄压等措施，维护正常生产。

（4）预防泄漏。主要通过监测仪表，及早发现压力、温度异常及气体泄漏等，总结出生产管理规律，维持安全生产。

（5）处理复杂情况。利用井口装置、控制装置、监测装置和多功能控制管汇实现压井和修井，恢复生产。

6.2　井口装置

井口装置的作用是悬挂井下油管柱、套管柱，密封油套管和两层套管之间的环形空间以控制油气井生产。对高含 H_2S、CO_2 天然气井的井口，井口装置主要根据气井最高井口关井压力及流体性质而选定。含硫气井和采气树各部件必须满足 API 6A 标准和 NACE 标准 MR - 01 - 75 的抗 H_2S、抗 CO_2 的要求，且具备远程控制井口闸门开关的功能。

6.2.1　井口装置的组成

它主要有采气树、油管头和套管头三大部分。即由悬挂密封部分、调节控制部分和附件组成，如图 6－3 所示。

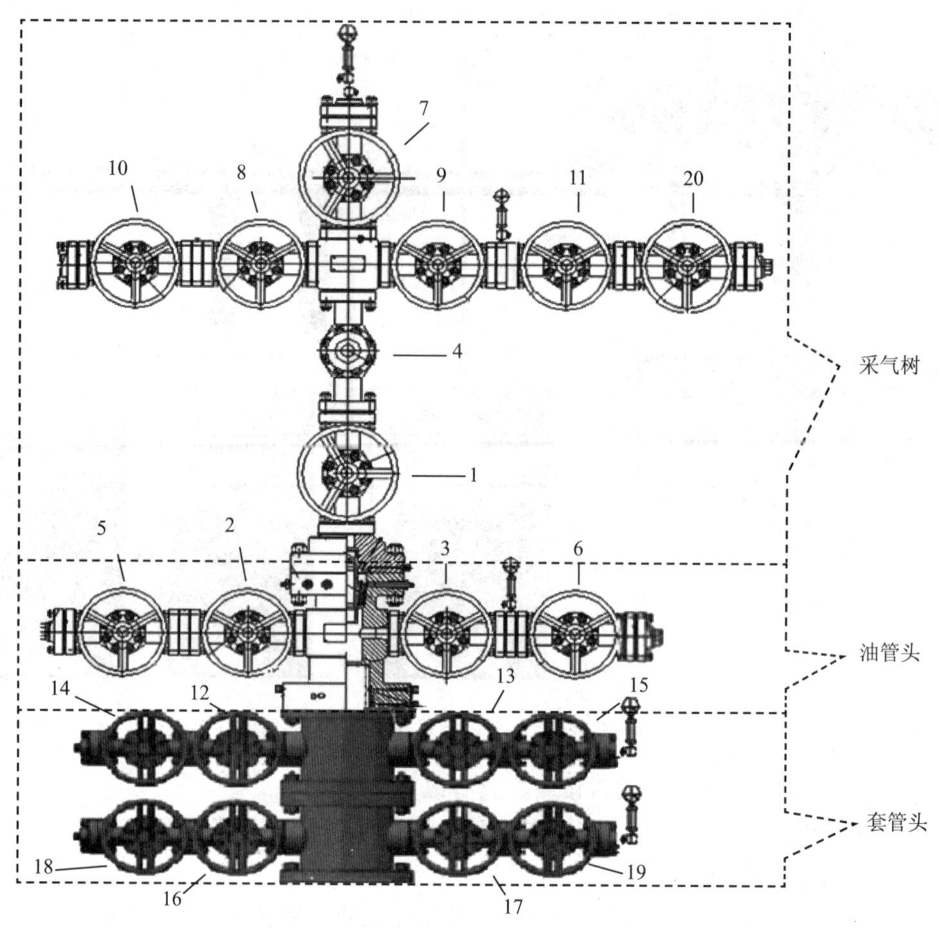

图 6－3　普光气田气井井口装置结构示意图

1—1#总闸门；2—生产套管左翼 1#闸门；3—套管右翼 1#闸门；4—2#总闸门；5—生产套管左翼 2#闸门；6—套管右翼 2#闸门；7—测压闸阀（又称清蜡闸阀）；8—油管左翼 1#闸门；9—油管右翼 1#闸门；10—油管左翼 2#闸门；11—油管右翼 2#闸门；12—技术套管左翼 1#闸门；13—技术套管右翼 1#闸门；14—技术套管左翼 2#闸门；15—技术套管右翼 2#闸门；16—表层套管左翼 1#闸门；17—表层套管右翼 1#闸门；18—表层套管左翼 2#闸门；19—表层套管右翼 2#闸门；20—右翼笼套式节流阀。

6.2.1.1　采气树

采气树是指连接油管头最上面的接头组件，由小四通、井口闸阀和节流阀等组成，是控制、调节气井生产和日常维护与管理的重要装置。

1. 采气树的分类

有普通型采气树、Y 型采气树、整体式采气树之分。

普通型采气树，分单翼和双翼两种，如图 6－4、图 6－5 所示。单翼采气树在主阀或翼阀上面安装一个安全阀，适用于中、高产量的气井，单翼成本比双翼低。双翼采气树有利于酸化和酸压增产措施的实施，可不停产进行翼阀维修。

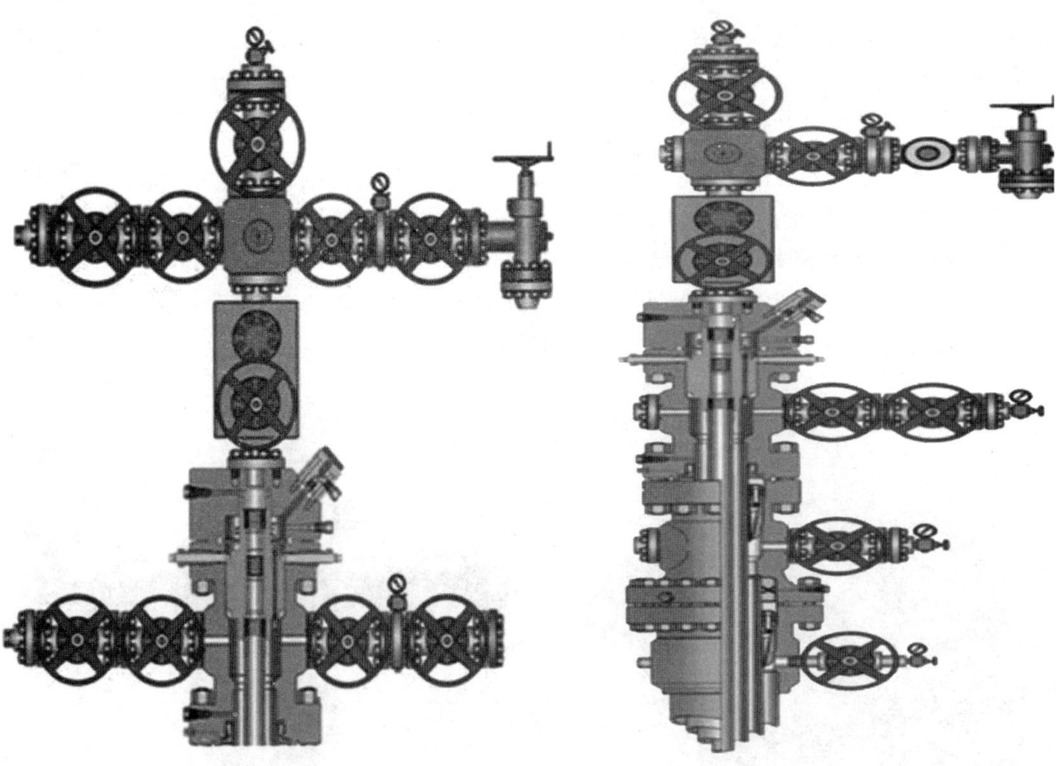

图 6－4　普通型采气树——十字双翼示意图　　　图 6－5　普通型采气树——单翼示意图

Y 型采气树，分单翼和双翼两种，如图 6－6、图 6－7 所示。Y 型井口采用整体锻造，漏点少，耐冲蚀能力强，适用于中、高产量的气井。

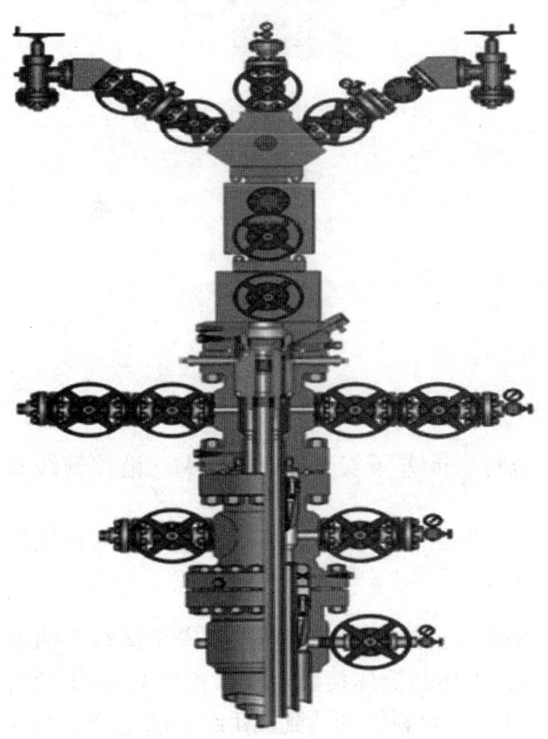

图 6－6　Y 型井口双翼示意图

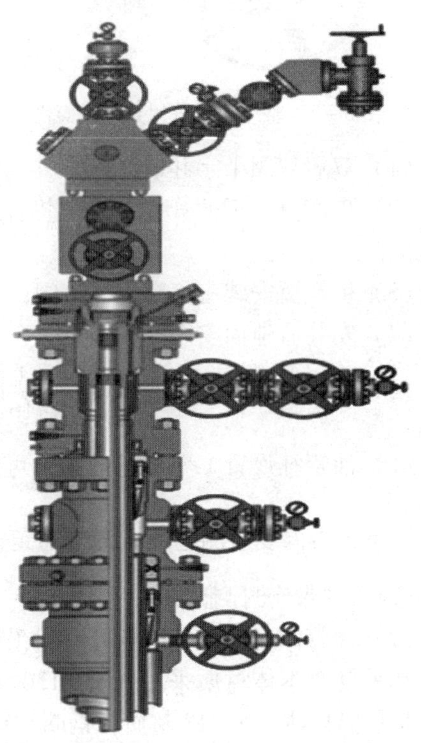

图 6－7　Y 型井口单翼示意图

整体式采气树。整体式采气树由一个锻件制成的本体，加上上主阀、下主阀、翼阀。这种压缩式本体只需要较少空间，提高了防火性能，并减少了潜在的泄漏通道，提高气井安全性，适用于产量较高的气井，如图6－8所示。

主阀上面配置地面安全阀（SSV），在进站管线上安装独立控制系统，采用液压操作器，当出现紧急情况时，安全阀系统可自动关闭。

2. 高含硫采气树的技术特点

普光气田具有单井日产气量差异大的特点，同时考虑到气井增产措施和经济效益，选择了十字双翼采气树（图6－9）。主通径上配置安全阀，并选配了井组安全控制系统。具有以下特点：

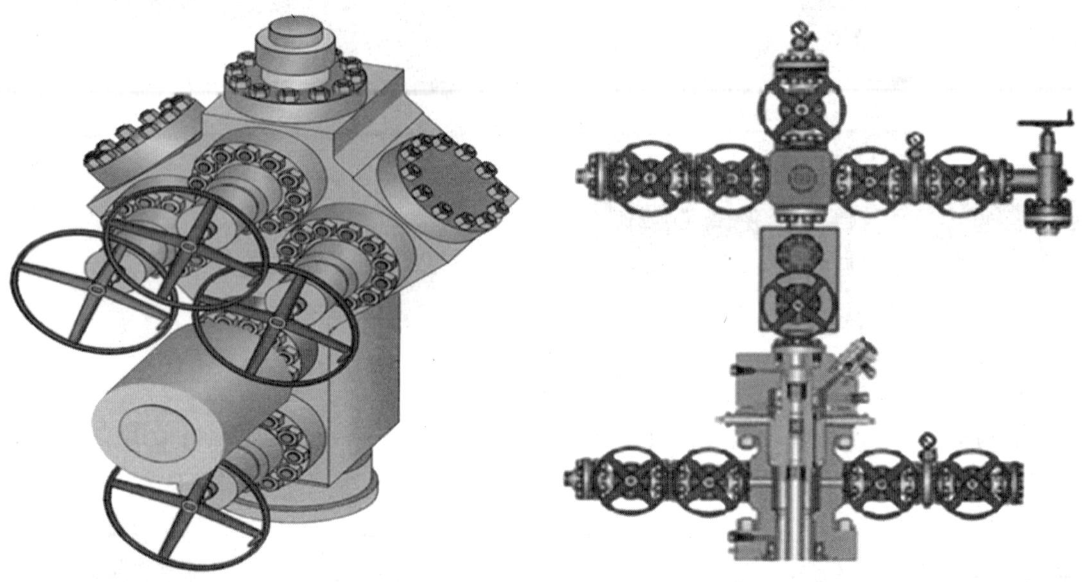

图6－8　整体式采气树井口示意图　　　图6－9　普光气田采气树示意图

（1）双翼双阀十字井口；

（2）生产翼靠近油管头一侧安装有仪表法兰，安装压力表、温度表、压力传感器、温度传感器；

（3）生产翼安装有笼套式节流阀；

（4）安装有地面安全阀（SSV）；

（5）主通径和采气树两翼通径 $3\frac{1}{16}$in 和 $4\frac{1}{16}$in；

（6）油管挂设置1个穿越通道，可穿越和密封$\frac{1}{4}$in井下安全阀（SCSSV）液控管线和$\frac{1}{4}$in井下压力温度监测电缆。两个通道的穿越方式为连续穿越（即不割断管线，从悬挂器上穿过），并带密封测试孔；

（7）油管四通和采气树各处密封采用金属对金属密封，能够保证长期安全运行。油管四通和采气树本体材质采用AISI 4130低合金钢，本体与流体接触面全部覆焊Inconel 625，油管悬挂器整体采用718材质，钢圈材料Inconel 825，材料级别达到HH级，满足耐12%～18% H_2S、CO_2 的腐蚀要求。

3. 采气树的主要组成

1）闸阀

井口所用闸阀有平板闸阀和楔式闸阀两种。连接方式分螺纹式、法兰式和卡箍式三种。通过闸板沿通路中央线的垂直方向上下移动起到截断和开启通道作用。闸阀在管路中只能起全开和全关堵截作用，不能起调节压力和节流作用。

图 6－10　闸阀

适用于高含 H_2S 和 CO_2 气井的阀门应选择耐腐蚀性的材料，与流体接触的部件应采用耐腐蚀环境要求的合金钢材质，阀板、阀座与阀体之间采用金属对金属密封。阀杆带有密封锥阀，可带压更换阀杆密封盘根和其他部件。阀杆设有安全销，当对闸阀施以超负荷扭矩时，安全销剪断，起到保护阀杆和其他零部件的作用，如图 6－10 所示。

普光气田采气树闸阀均为平板闸阀，其性能参数如下。

①最高工作压力：10000psi（70MPa）或 15000psi（105MPa）；

②工作温度：P－U（－29℃～121℃）；

③通径：$3\frac{1}{16}$in、$4\frac{1}{16}$in；

④执行器：18in 手轮；

⑤材料等级：HH－NL；

⑥PSL 等级：PSL－3G；

⑦标准：API 6A 19th Ed.，ISO 10423。

2）地面安全阀（SSV）

地面安全阀（SSV）包含有一个活塞腔与一个压缩弹簧相连的活塞，液压管线控制阀板机构，如图 6－11 所示。

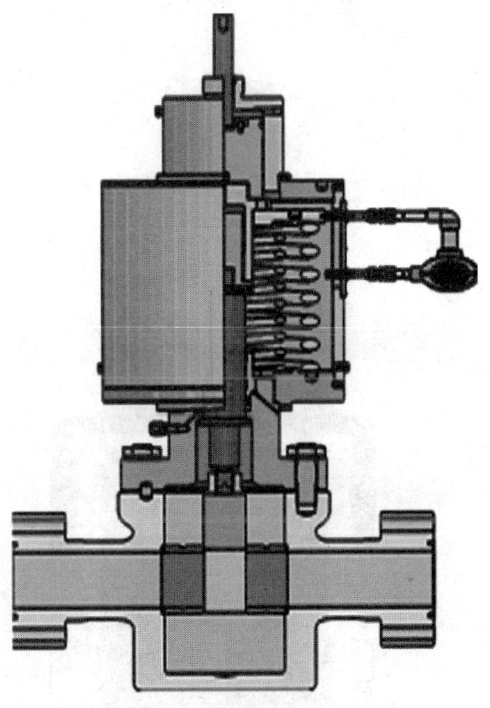
图 6－11　地面安全阀

当外部液压油压力进入活塞腔，在压力作用下液压活塞向前移动，带动阀杆向前运行，最终阀板开启使气流通过，同时压缩弹簧，弹簧蓄能。当外部泄压后，安全阀活塞腔内的液压油通过回油管线回油箱，液压压力释放，弹簧储存的势能释放，推动液压活塞后移，同时带动阀杆和阀板后移，关闭地面安全阀（SSV）。

3）节流阀

节流阀是用来控制产量的部件，通过调节采气树上的节流阀可控制流量。节流阀分针式节流阀和笼套式节流阀两种类型。普光气田井口使用的节流阀均为笼套式节流阀，如图 6－12 所示。笼套式节流阀分为外部套筒型和内部柱塞型，如图 6－13、图 6－14 所示。

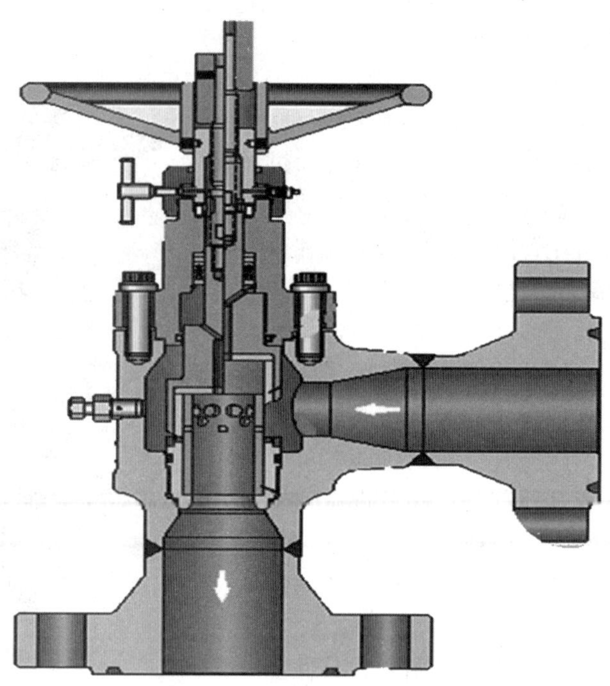

图 6－12　节流阀

图 6－13　外部套筒型

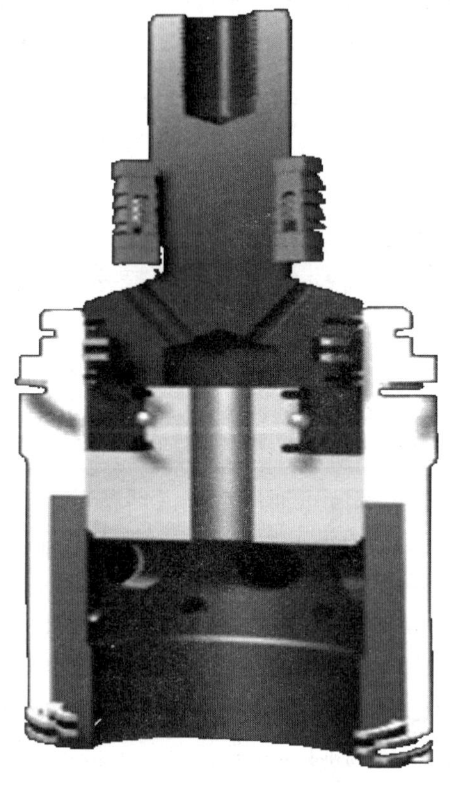

图 6－14　内部柱塞型

外部套筒型笼套式节流阀的基本原理是：通过一个可以拆卸的圆柱筒，在一个固定的壁上有节流孔口的圆柱型笼套外运动来调节流量。圆柱型筒上下运动导致笼套上可过流体的节流孔口的面积产生了变化，从而控制通过节流阀流体的流量和压力降。高压流体从节流孔入口进入阀体和笼套之间的环形空间，改变流体方向，并使其自身产生撞击，消耗了流体的自身能量，这样也就消耗了流体对阀体的冲击能量，由此减少流体对节流阀内部的冲蚀和噪声。并且流体能量的自身消耗，也不会导致在节流阀出口引发冰堵现象。节流阀的开度可从阀杆上的指示器读取。适合于高压差的应用，特别适合高冲蚀工况。

内部柱塞型笼套式节流阀采用一个柱塞来改变阀芯的过流面积从而调节流量，其他原理与外部套筒式节流阀一致，适用于高流量，中等压差工况。

笼套式节流阀节流元件一般采用碳化钨材料，上下多点固定，其优点是节流范围广，噪声低，耐高冲蚀；环形空间有助于减少阀本体腐蚀；多孔多向消除能量，可消除漩流冲损现象，大大延长了安全使用寿命，降低了停产维修率，维护方便等。适用于高含 H_2S 和 CO_2 气井的节流阀一般是厚硬质合金断面，抗腐蚀性更高；控制范围大，磨损和噪声低；压力平衡杆及止推轴承在很大程度上减小了力矩，减小了阀杆的负载，减小了执行器和手轮的力矩；大环隙最大程度降低了阀体腐蚀；金属阀帽密封，维护简单。普光气田使用的笼套式节流阀型号有三种，均为外部套筒式，最高工作压力为10000psi或15000psi，其工作原理是相似的。

6.2.1.2　油管头

如图6－15所示的油管头通常是一个两端带法兰的大四通，它安装在套管头的上法兰上。它的主要作用是：悬挂井内油管柱；密封油管和套管之间的环形空间；为下接套管头，上接采气树提供过渡；通过油管四通上的两个侧口（接套管阀门），完成套管注入及洗井等作业。

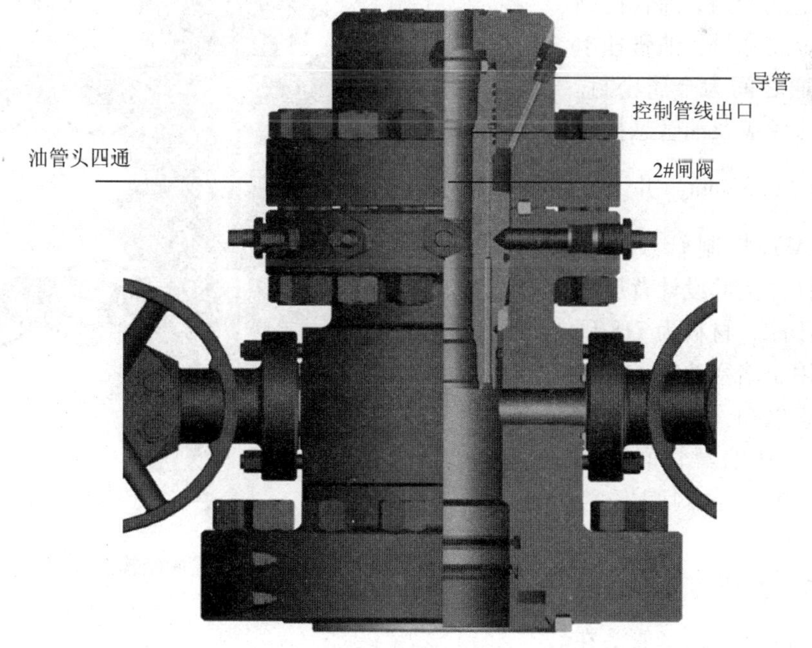

图6－15　油管头结构图

油管头主要由油管悬挂器（图6－16）、密封组件、油套阀门、监测仪表等组成。其中，油管悬挂器是支撑油管柱并密封油管和套管之间环形空间的一种装置。

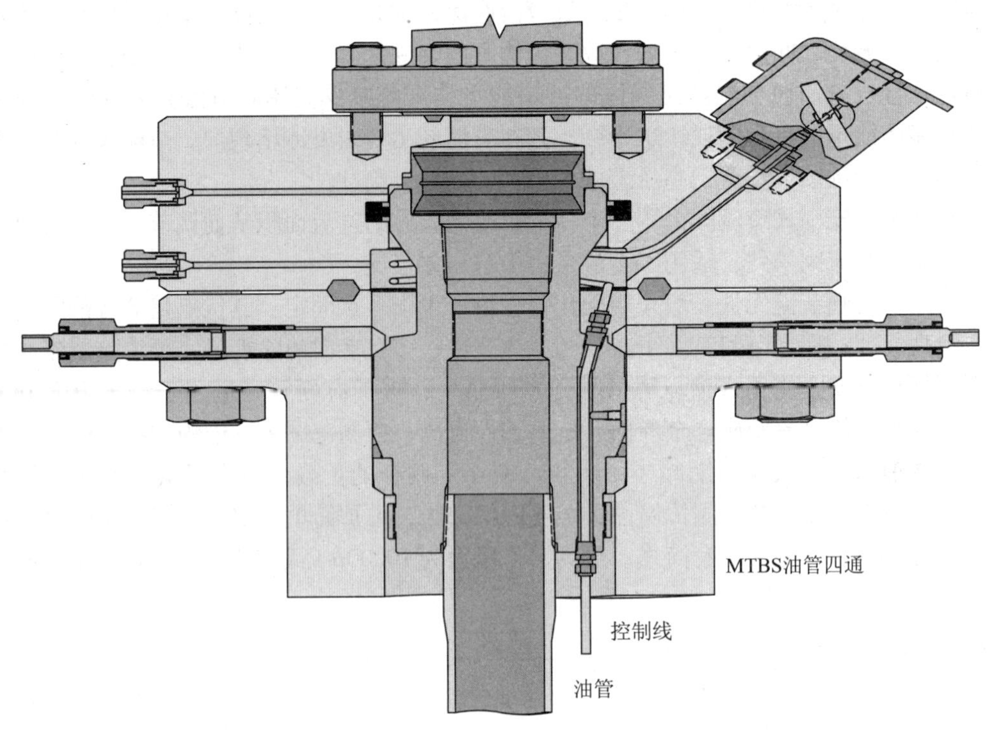

图6－16　油管悬挂器结构图

油管悬挂器的顶部与变径法兰的下部为金属密封，油管挂颈部带径向非金属密封，油管挂本体与油管四通之间为金属密封。油管四通上法兰盖及油管悬挂器带1个$\frac{1}{4}$in（6.35mm）井下安全阀（SCSSV）控制管线穿越孔，油管悬挂器上部设计背压阀座面，配背压阀，材料为718硬质合金，可用于堵塞油管；油管头四通侧口带丝扣，并配有阀取出塞，可用于在油套管间窜压时，拆卸油管四通侧口任意闸阀。

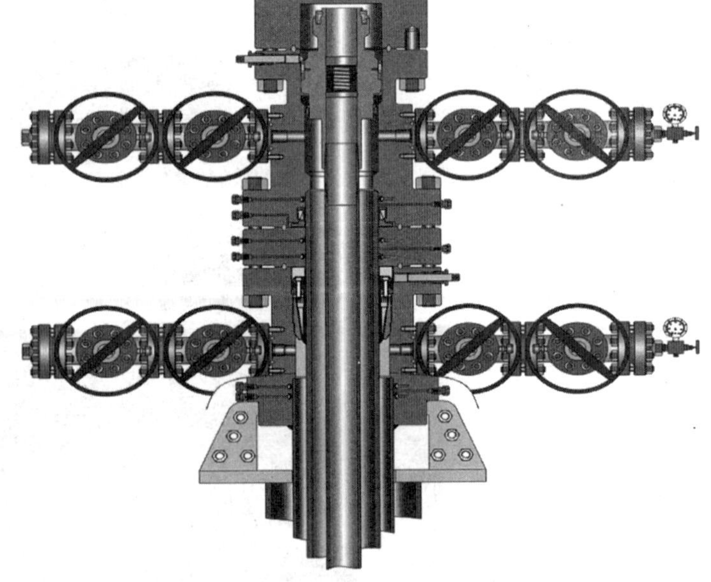

图6－17　套管头结构图

6.2.1.3　套管头

如图6－17所示的套管头在井口装置的最下端，用以支撑技术套管和油层套管的重力，密封各层套管间的环形空间，为安装防喷器、油管头和采气树等上部井口装置提供过渡连接，安装套管阀门及套压仪表装置，详见“5.5 完井井口装置”部分。

6.2.2　井口装置的选择

采气井口装置的选择主要考虑气井最高井口关井压力、井口施工压力、流体性质、温度以及安全等因素，如图 6－18 所示。

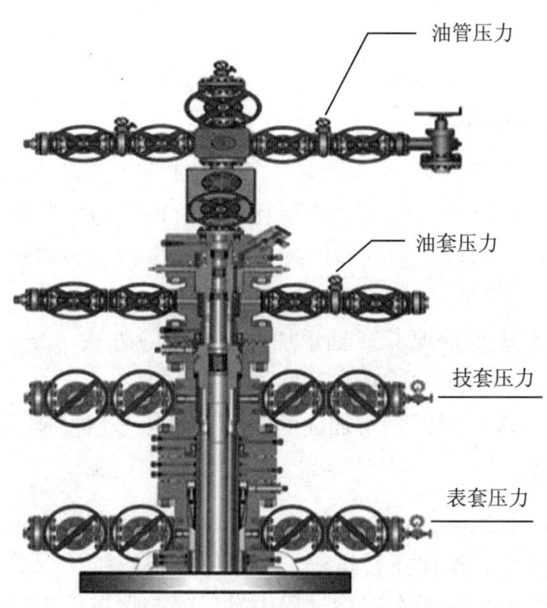

图 6－18　油管悬挂器

普光气田采用酸压生产一体化投产方式，根据井口最高关井压力和最高施工压力，确定了采气井口装置采用 70MPa 和 105MPa 两个压力等级。普光气田井底温度在 120℃以上，根据 API 6A 19 版安全标准对温度额定值的规定，普光气田温度级别是 P－U（－29℃～121℃）。

井口装置作为控制流体的方向、压力、流量的关键装备，要具备远程控制井口阀门开关的性能以应对紧急情况。含硫气井井口装置各部件必须满足 API 6A 19 版和 NACE MR－0175 标准，普光气田采气井口装置及部件的材料为 HH 级，内堆焊 Inconel 625 镍基合金，满足了抗 H_2S、CO_2 腐蚀要求，并采用金属密封，井口密封可靠。

6.2.3　井口装置的维护、保养

6.2.3.1　日常维护保养

（1）每天对井口装置至少进行一次验漏，观察井口有无异常情况，如：是否有气体或液体溢出，井口装置是否完好无渗漏等。

（2）每周活动一次井控装置闸阀，对采气树 1#总阀和生产翼 2 个闸阀进行活动时，为了不影响生产，对这三个阀门活动全开全关总圈数的 1/3 后迅速恢复，其余阀门（包括表套和技套阀门）全开全关一次。

（3）对采气树进行防腐处理，保持清洁无污物、无锈蚀。

6.2.3.2　常规巡查维护

采气井口装置常规维护保养工作主要以现场观测、部件紧固、调整和采气树阀门轴承加注润滑脂为主。采气井口装置常规维护保养每季度一次。采气井口装置常规维护保养主要内容包括：

（1）阀门手轮、快速释放销钉、剪切销钉是否完好；

（2）阀门开关是否正常；

（3）阀门连接螺栓是否坚固；

（4）阀门法兰连接密封面是否完好；

（5）阀门轴承加注润滑脂。

6.2.3.3　周期巡查维护

周期巡查维护保养工作以深入检查、检测及调校、调整为主，其目的是为了保证系统在以后较长时间内，能够有效运行。采气井口装置每半年进行一次周期巡查维护保养，主要内容包括：

（1）采气井口装置常规维护保养（轴承加注润滑脂除外）；

（2）生产井每半年一次对阀门阀板加注润滑脂；

（3）回注井每半年一次对阀门轴承加注润滑脂，每年一次对阀门阀板加注密封脂。

6.2.3.4　停产检修

停产检查维护保养以总成解体清洗、检查、调整和消除隐患为主。其目的在于巩固各总成、组合件的正常使用性能，确保正常运行。由于停产检查维护保养用时较长，影响气井生产，所以停产检查维护保养仅限于在巡检过程中发现的必须进行停产检查维护保养的采气井口装置。其内容如下。

（1）执行周期巡查维护保养的全部内容。

（2）进行采气井口装置阀门维护保养。

①连续完全开关阀门数次，保证阀门运行正常，若不正常，使用阀门开关工具对阀门进行开关作业，并用润滑脂润滑阀门执行机构，直至阀门活动正常。

②开关阀门，确认阀门开关能达到规定圈数。

6.3　井口控制装置

高压、高含硫化氢气井必须实现就地手动控制与远程控制。井口控制装置有井口控制柜、井下安全阀 SCSSV 和地面安全阀 SSV 组成。普光气田每个平台均采用一套井口控制柜对所有井下安全阀和地面安全阀进行控制和操作。井口控制柜安装在距井口 20～30m 范围内，用于对井下安全阀和地面安全阀有效地控制。井口控制柜有液控液控制柜与气控液井口控制柜两类，如图 6－19 所示。

6.3.1　井口控制装置的功能

井口控制装置是通过井口安装的压力传感器、气体探测器和易熔塞，对异常高压、低压、气体泄漏和火灾作出快速反应，自动关闭安全阀，系统也可实现就地手动控制。对开井和关井时所需的各种功能和状态进行自动监控，监控信号可传输至 SCADA 系统。高含硫化氢气井井口控制装置主要由井下安全阀、地面安全阀以及地面安全控制系统构成，可实现以下功能。

1. 现场紧急关断

控制面板上安装有安全阀的手拉阀，当出现特殊情况时，用来进行关断地面安全阀和井下安全阀。

2. 远程关断

通过 RTU 与 SCADA 系统相连，当发生泄压关断、保压关断、单元关断时，均可实现地面安全阀关闭。单元关断界面里设置有井下安全阀的关闭触发按钮，通过触发该按钮，可实现远程关断井下安全阀。此外站控室手操台安装有井下安全阀远程关断按钮，也可实现远程关闭井下安全阀。

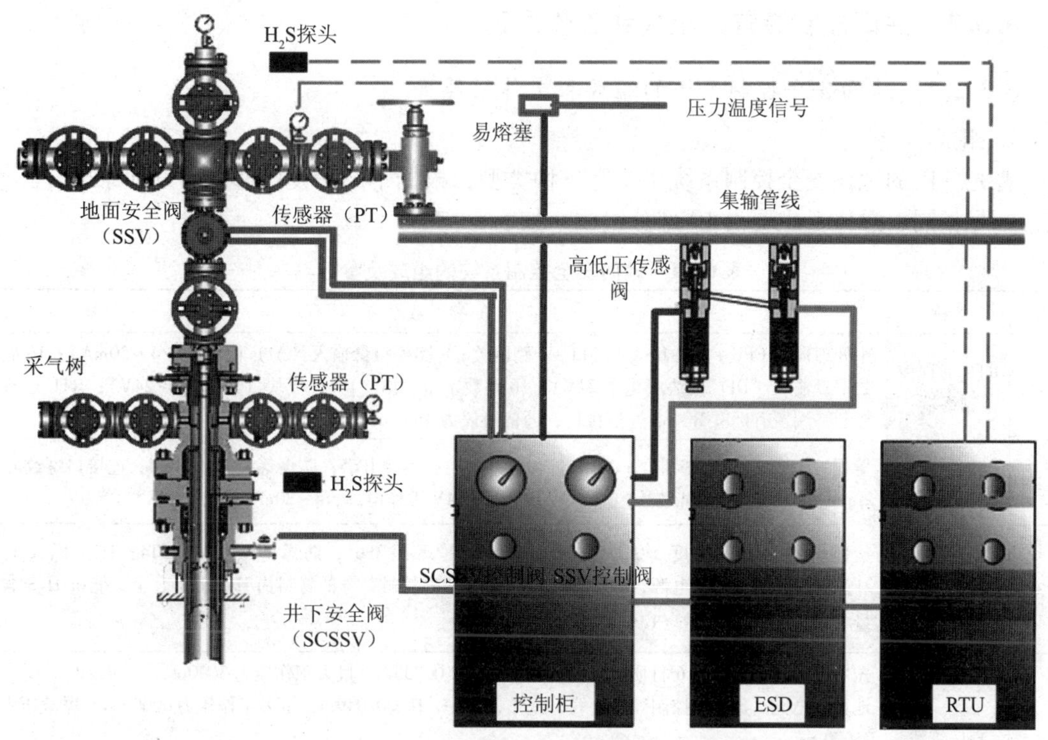

图 6-19　地面安全控制系统直观示意图

3. 易熔塞关断

易熔塞的作用是当井口发生火灾时，环境温度迅速上升至易熔塞的熔点温度，使之熔化，先导控制液压油从易熔塞溢出，先导压力泄压，地面安全阀和井下安全阀均关闭，井下安全阀在地面安全阀关闭后延迟 0~90s 关闭，时间可根据现场情况调节。

易熔塞熔化温度：FS 井口控制柜 127℃ ±5℃；C 井口控制柜 160°F（71.1℃）。

4. 高低压限压关断

高低压控制阀组的作用主要是使集输管线在设计压力范围内安全运行。当输气管线压力低于或高于高低压限位阀的设定压力时，高低压控制阀组的低压阀或高压阀动作换向，使先导压力控制回路连接到高低压限位阀出口管线，先导控制回路管线泄压。因此，地面安全阀（SSV）液控回路上的气控三通阀或液控三通阀失压而动作换向，使得地面液控回路压力泄压；地面安全阀因自身反向弹簧压力而关闭（输气管线压力低于或高于高低压限位阀的设定压力都会导致地面安全阀关闭）。

5. 系统自动稳压

当环境温度发生变化时，系统控制回路压力受到温度影响而发生变化，当压力低于某个设定点时，液压泵自动补压到设定压力；当压力高于某个设定点时，溢流阀自动泄压，使安全阀能够在正常压力范围内保持开启状态。

①地面安全阀和井下安全阀的液压控制回路能够实现完全独立的自动补压功能，以维持安全阀的正常开启压力。

②地面安全阀和井下安全阀的液压控制回路能够实现完全独立的超压自动排放功能，以维持安全阀的正常开启压力和保护管线设备。

6.3.2 井口控制装置的组成和工作原理

6.3.2.1 地面安全控制系统的组成和工作原理

1. 组成

普光气田的地面安全控制系统主要有三种类型，根据不同的设计理念和设计原理，其组成也不尽相同，总体上主要由10部分组成，如表6-1。

表6-1 地面安全控制系统的组成及参数

序号	名称	参数
1	RTU远程控制终端	主处理器为CPU+2路RS232接口+1路网关；8路模拟量输入（AI）模块（0/4~20mA）；16路数字量输入（DI）模块（电平24V）；16路数字量输出（DO）模块（FET电平24V）；RTU远程控制终端留有标准RS485通信接口；通信协议为Modbus/RTU
2	仪表传感器（温度）	量程-50℃~150℃；精度±0.1%量程；外表防护等级IP65；防爆等级ExdI IBT4；连接口螺纹1/2in MNPT；电气连接口螺纹1/2in FNPT，DC24V工作电源，4~20mA输出
3	仪表传感器（压力）	量程0~69MPa；精度±0.1%量程；外表防护等级IP65；防爆等级ExdI IBT4；连接螺纹1/2FNPT；DC24V工作电源，4~20mA输出；与介质接触部分的材料为Hastelloy合金，能抗H_2S含量（18%）、CO_2含量（12%）的天然气的腐蚀
4	高压管线	先导控制管线采用316材质，规格3/8in O. D. x 0.035in，最大工作压力3000psi 地面安全阀（SSV）控制液压管线，规格3/8in O. D. x 0.049in，最大工作压力6000 psi；爆破压力25000 psi 井下安全阀（SCSSV）控制液压管线，规格1/4in O. D. x 0.065in，最大工作压力12500 psi；爆破压力50000 psi
5	增压泵	气动增压泵，地面增压泵最大输出10000psi，井下增压泵最大输出15000psi 电动增压泵，地面增压泵最大输出6000psi，井下增压泵最大输出10000psi
6	高低限压阀	低压阀调节范围500~1500psi，高压阀调节范围2500~5000psi
7	压力开关、传感器	防爆等级ExdI IBT4，316不锈钢，可调节
8	易熔塞	FS公司易熔塞熔化温度127℃±5℃，C公司易熔塞熔化温度71.1℃（160°F）
9	三通阀	低压部分工作压力范围：80~120psi；高压部分工作压力范围：地面安全阀（SSV）三通阀：3500~5000psi，井下安全阀（SCSSV）三通阀：6000~9000psi，根据现场情况调节合理压力
10	中继阀	工作压力范围：80~120psi

2. 工作原理

普光气田的地面安全控制系统按控制类型分为：气控液型控制柜和液控液型控制柜。根据气控、液控类型的不同，工作原理基本相同，如图 6－20 所示。

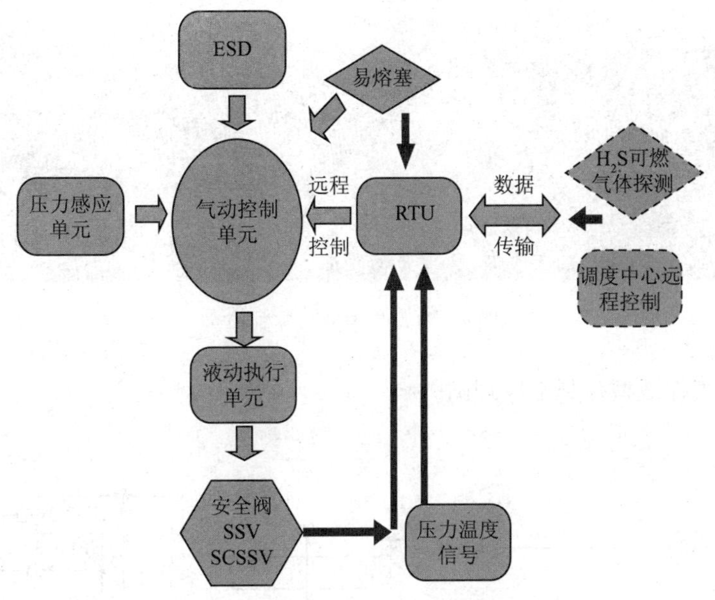

图 6－20　地面安全控制系统控制原理图

1）气控液型控制柜

工作原理：气动液压泵在高压空气的作用下，将液压油进行增压输出给地面安全阀和井下安全阀。逻辑控制气压再驱动系统中的各种类型气控阀工作，从而对系统液压回路进行控制，有效地对地面安全阀、井下安全阀开启和关断实行控制。当 SCADA 系统、RTU 、ESD 和易熔塞熔化发出关井指令后，逻辑控制气压泄压，气控三通阀动作，迅速把系统液压控制回路压力降为 0psi（井下安全阀关闭时间可通过单向节流阀调节），即关闭地面、井下安全阀。

气控液型地面控制系统是由气压逻辑控制的多井安全阀控制系统，适用于集气站 1～4 口气井集中控制。地面控制系统由#1 、#2、#3、4#气井控制系统组成，共用一个进气气源、一个供液箱，然后集中回油。1#、2#、3#、4#的 ESD 关断阀出口并联在一起，然后连接到每口井的易熔塞管线上。一旦发生火灾，1#、2#、3#、4#气井同时关闭。每口井的控制系统分为井下安全阀控制回路、地面安全阀控制回路、高低压控制回路、ESD 紧急关断回路。

气控液型控制柜如图 6－21 所示。气控液型控制柜工艺参数，可根据现场工况进行调整。

①易熔塞熔化温度：127℃ ±5℃；

②空压机压力开关启停压力：0. 5～0. 75MPa；

③SSV 液控压力：3000～5000psi；

④SVSSV 液控压力：6000～8000psi；

⑤高限压阀设定值：普光主体 30MPa；大湾区块 35MPa，关断设定值可根据具体使用情况进行设置；

⑥低限压阀设定值：普光主体 3. 5MPa；大湾区块 5MPa，关断设定值可根据具体使用情况进行设置。

图 6－21　气控液型控制柜

图 6－22 为气控液型控制柜原理图。

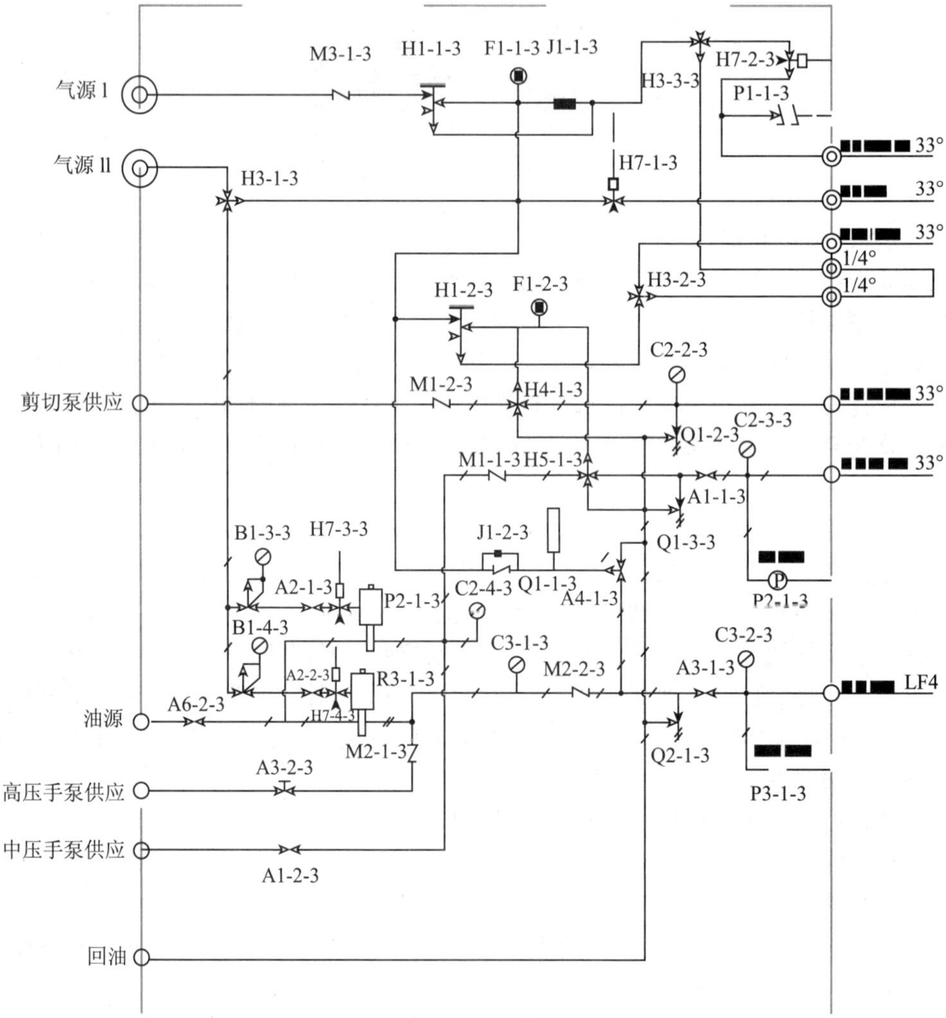

图 6－22　气控液型控制柜内部原理图

2）液控液型控制柜

液控液型控制柜工作原理是通过两台电动液压泵（或手动增压泵）将常压的液压油增压至地面安全阀或井下安全阀开启所需要的压力，增压后的液压油储存在蓄能器内，中压泵最大输出压力为6000psi，高压泵最大输出压力为10000psi。液控液型控制柜如图6－23所示。

图6－23　液控液型控制柜

中压泵的液压油一路是作为开启地面安全阀的压力，另一路经减压阀减压后作为逻辑控制压力（80～120psi）。逻辑控制压力又分为三种：操作压力、高低压限位阀先导压力、易熔塞先导压力。这三种压力均作为逻辑控制压力来控制液控三通阀，从而达到控制地面安全阀（或井下安全阀）的目的。同时，在地面安全阀（或井下安全阀）逻辑控制回路上有一个和液控三通阀串联的电磁三通阀，也用来控制地面安全阀（或井下安全阀）。因此，紧急情况下可通过触发泄压关断、保压关断、单元关断，命令使电磁阀失电，关断地面安全阀或井下安全阀。液控液型控制柜内部原理图如图6－24所示。

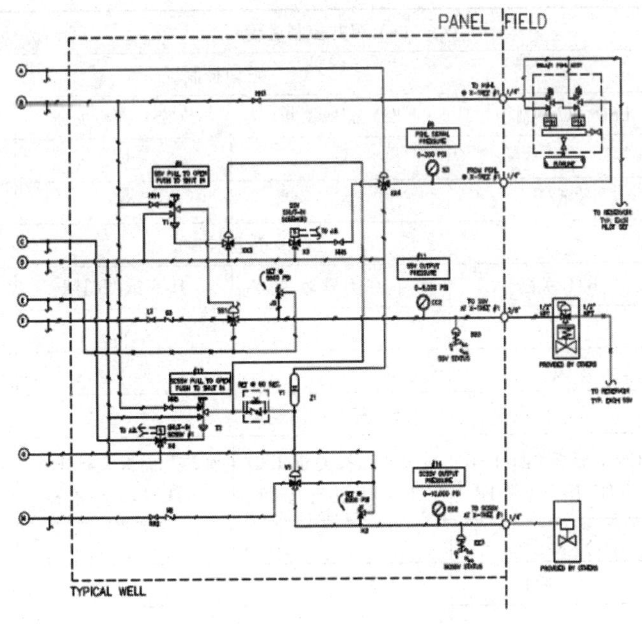

图6－24　液控液型控制柜内部原理图

远程关断，高压泵的液压油只作为开启井下安全阀的压力。

液控液型井口控制柜工艺参数可根据现场工况进行调整：

①供电系统（220VAC UPS、380VAC）；

②易熔塞熔化温度：FS（127℃ ±5℃）、C［71.1℃（160°F）］；

③低压操作系统压力：80 ~ 120psi；

④SSV 液控压力：4000 ~ 5000psi；

⑤SVSSV 液控压力：6000 ~ 8000psi；

⑥高限压阀设定值：普光主体 30MPa；大湾区块 35MPa，关断设定值可根据具体使用情况进行设置；

⑦低限压阀设定值：普光主体 3.5MPa；大湾区块 5MPa。关断设定值可根据具体使用情况进行设置。

3. 系统控制逻辑

地面安全控制系统主要由井口控制柜与 SCADA 系统联合实现对井下安全阀和地面安全阀的远程、就地控制，能够分别实现对同一个平台 1 ~ 3 口井的单井关断或所有气井的同时关断，并根据关断逻辑设置关断地面安全阀或井下安全阀。地面安全控制系统与 SCADA 系统相连，采气树温度和压力、油管头温度和压力、输送管线压力、地面安全阀的阀位、易熔塞压力、逻辑控制压力等信号可远传至站控 PCS 系统，现场仪表传输至 RTU，RTU 采用 4 ~ 20mA 标准信号、24V 电压传输至 SCADA 系统，采用 MODBUS 通信协议。ESD 根据站控系统 SIS 指令关断地面安全阀和井下安全阀。站控室触发系统关断后，在站控室复位后，现场手动复位开启安全阀；就地控制面板触发关断，则现场手动复位开启安全阀。安全阀的开启顺序为先开井下安全阀，后开地面安全阀。

地面安全控制系统控制逻辑如表 6－2 所示。

表 6－2 地面安全控制系统的控制逻辑

（a）单井控制逻辑

相应动作	就地控制			
	ESD（C 控制柜）	SSV 面板关断	SCSSV 面板关断	高低压限压关断
地面安全阀（SSV）	√	√	√	√
井下安全阀（SCSSV）	√		√	
相应动作	远程控制			
	RTU 关断	压力异常	H_2S 浓度超标	易熔塞熔化
地面安全阀（SSV）	√	√	√	√
井下安全阀（SCSSV）	√			√

（b）三井控制逻辑

相应动作	SCSSV 面板关断/ESD/RTU/压力异常 1#	SCSSV 面板关断/ESD/RTU/压力异常 2#	SCSSV 面板关断/ESD/RTU/压力异常 3#	易熔塞 1# ~ 3#任何 1 个
关闭 1#气井 SSV	√（先）			√
关闭 1#气井 SCSSV	√（后）			√
关闭 2#气井 SSV		√（先）		√

续表

关闭 2#气井 SCSSV		√（后）		√
关闭 3#气井 SSV			√（先）	√
关闭 3#气井 SCSSV			√（后）	√
相应动作	SSV 面板关断/高低压限压关断 1#	SSV 面板关断/高低压限压关断 2#	SSV 面板关断/高低压限压关断 3#	
关闭 1#气井 SSV	√			
关闭 1#气井 SCSSV				
关闭 2#气井 SSV		√		
关闭 2#气井 SCSSV				
关闭 3#气井 SSV			√	
关闭 3#气井 SCSSV				

6.3.2.2 地面安全阀工作原理

地面安全阀与井口控制系统相连，在井口控制系统没有工作的情况下，地面安全阀是完全关闭的，反之则是开启。但井场出现异常情况时，井口控制系统液压降为零，地面安全阀内的活塞在弹簧的弹力作用下带动闸阀迅速关闭，起到保护井口的作用，如图 6－25 所示。

图 6－25 地面安全阀（SSV）工作原理图

6.3.2.3 井下安全阀工作原理

井下安全阀包含一个与压缩弹簧相对的活塞，井内压力作用于阀瓣机构。当井下安全阀液压管线内的液压油进入活塞腔，推动活塞下行，压缩弹簧，顶开阀瓣，打开井下安全阀。保持井下安全阀液压管线的压力，井下安全阀即保持开启状态。活塞腔内的压力释放后弹簧回弹，活塞向上运动，使得阀瓣重新回到关闭的位置，如图 6－26 所示。

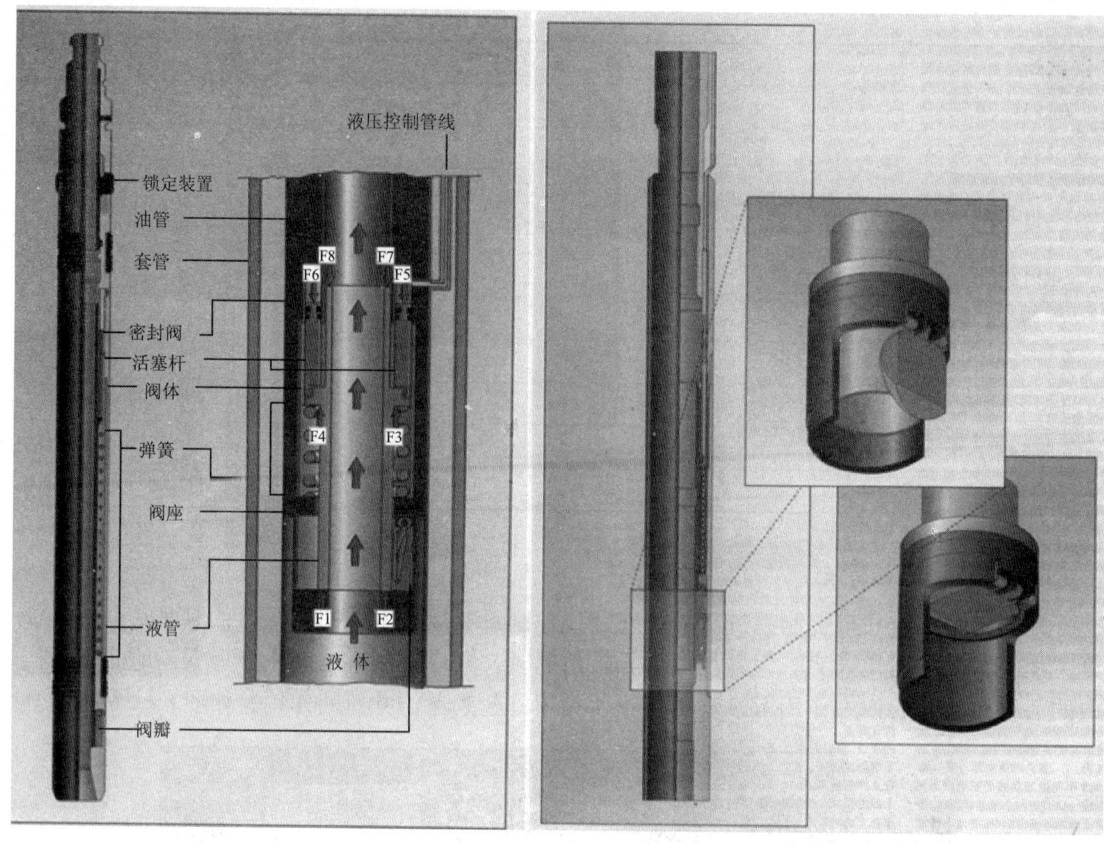

图 6-26 井下安全阀（SCSSV）结构图

6.3.3 控制装置的调试

6.3.3.1 地面安全阀功能测试

（1）拉起地面安全阀手拉阀，系统液压油进入执行器液缸，观察地面安全阀阀杆是否下降至最低点，记录下降所用时间和下降完毕后的位置；

（2）按下地面安全阀中继阀手柄，关闭中继阀，泄放液缸里的液压油，观察地面安全阀阀杆位置是否正常，记录阀杆上升时间和上升完毕后的位置；

（3）观测井口油压，将地面安全阀控制压力泄至 0psi，将井口油压放掉直至油压为 0psi，然后观测油压，若在较长的时间内油压为 0psi，则说明地面安全阀关闭正常。

6.3.3.2 井下安全阀功能测试

1. 地面观测井下安全阀开启压力

将手压泵、压力表和针阀连接到安全阀的液压管线上，缓慢匀速打压，从压力表上观察并记录井下安全阀的初始开启压力和完全开启压力。

井下安全阀的初始开启压力是指液压油刚好开始推动安全阀中的活塞向下运动时的压力值；完全开启压力是指活塞被液压油推至其行程的最底端及井下安全阀完全打开时的压力。

2. 地面测量井下安全阀液压管线中液压油的回流量

将手压泵、压力表和针阀连接到井下安全阀的液压管线上，匀速打压，在井下安全阀完全开启后继续打压至6000psi后停止打压。关闭针阀，将手压泵拆除后，缓慢打开针阀，用容器回收安全阀液压管线中回流的液压油，对回流的液压油体积进行测量并记录。重复上述步骤几次，以求取最精确的液压油回流量。将回流的液压油体积与安全阀的活塞腔体积进行对比，若这两个值相当，则证明井下安全阀开启正常，否则安全阀存在故障。

3. 观测井口油压

（1）将井下安全阀的控制压力打压至6000psi，开井生产，生产稳定后若井口油压不降说明安全阀是完全开启的；关井后，观测井口油压，若井口油压在较短时间内恢复，说明井下安全阀开启正常；

（3）将井下安全阀控制压力泄至0psi，将井口油压放掉直至油压为0psi，然后观测油压，若在较长的时间内油压为零或远低于初始油压，则说明井下安全阀关闭正常。

4. 在条件允许的情况下也可以通过地面安全控制系统中井下安全阀手拉阀的开关对井下安全阀的功能进行测试。

（1）拉起地面安全控制系统井下安全阀手拉阀，打开中继阀，让系统液压油进入与井下安全阀相连接的液压管线，开启井下安全阀；

（2）观测井口油压，将井下安全阀打开后开井生产，若井口油压不降则证明井下安全阀开启正常；若油压下降，待油压降至一定值时关井，观测井口油压，若油压在较短时间内恢复，则可以在一定程度上说明井下安全阀开启正常；

（3）推入地面安全控制系统井下安全阀手拉阀，关闭中继阀，泄放与井下安全阀相连接的液压管线内的液压油，关闭井下安全阀；

（4）观测井口油压，将井下安全阀控制压力泄至0psi，将井口油压放掉直至油压为0psi，然后观测油压，若在较长的时间内油压为0psi或远低于初始油压，则说明井下安全阀关闭正常。

6.3.3.3　高低位限压阀调试

（1）将手压泵、压力表、针阀及连接管线与高低位限压阀测试口相连接；

（2）拉启手拉阀手柄，启动地面安全控制系统，让地面安全阀处于“开启”状态，装上地面安全阀金属锁定帽；

（3）将手压泵加压至高低位限压阀的设定启跳压力值，调节高低压限位阀的调节螺母，直至高低位限压阀开始泄放控制压力；

（4）重新启动地面安全控制系统；

（5）将手压泵加压，直至高（低）导阀开始泄放控制压力，记录此时的手压泵压力；

（6）若手压泵压力高于或低于规定的设定压力值，则相应地调节高低位限压阀上的调节螺钉，并重复（3）、（4）、（5）步骤操作，直至达到规定的压力值范围为止；

（7）将高低位限压阀的调节螺钉用锁定螺母锁紧；

（8）拆除手压泵及管路；

（9）回装测试口堵头，调试完毕。

6.3.3.4　远程控制操作调试

（1）拉启手拉阀手柄，启动井口安全系统；

（2）从RTU或SCS下发关井命令；

（3）观察现场是否活动，截断阀活动是否正常；

（4）若不合格则针对具体部位进行整改，重复（1）~（3）步骤操作，直到全部调试正常。

6.3.3.5 阀位反馈信号调试

（1）拉启手拉阀手柄，让井口截断阀开启；
（2）从 SCADA 观察阀位反馈信号是否正常；
（3）按下手拉阀手柄，让井口截断阀关闭；
（4）从 SCADA 观察阀位反馈信号是否正常；
（5）若不正常，将阀位指示器（或压力传感器）取下，调节相应触点开关位置；
（6）重复（1）~（4）步骤操作两遍，若全部正常，则阀位反馈信号调试完毕。

6.3.3.6 地面安全控制系统调试中采气树及安全控制系统应达到的标准

（1）采气装置阀门无“跑、冒、滴、漏”；
（2）阀门、针阀、压力表运转正常；
（3）顶丝无泄漏；
（4）采气装置地面输气管线、液控管线等关键连接部位螺栓、螺母紧固合格，无泄漏；
（5）控制柜内外表面清洁无灰尘油污；
（6）地面泵输出压力正常；
（7）井下泵输出压力正常；
（8）逻辑控制压力正常；
（9）地面控制压力正常；
（10）井下液控压力正常；
（11）液压油面正常，液压油无混浊；
（12）连接管线及接头无渗油；
（13）高地位限压阀无渗漏；
（14）蓄能器压力正常；
（15）高压限位阀压力正常；
（16）低压限位阀压力正常；
（17）高压限位阀动作迅速；
（18）低压限位阀动作迅速；
（19）ESD 紧急动作迅速；
（20）电磁阀应无泄漏；
（21）空气滤清器及吸（回）油过滤器干净无油污；
（22）地面液控回路溢流阀正常；
（23）井下液控回路溢流阀正常；
（24）易熔塞检测正常；
（25）地面关断正常；
（26）井下关断正常；
（27）各开关阀及屏蔽阀工作正常；
（28）现场模拟调试正常。

6.3.4　井口控制装置的操作

6.3.4.1　气控液型井口控制柜的操作

1. 准备

（1）消、气防器具：便携式硫化氢检测仪 2 台；正压式空气呼吸器 2 套。

（2）工用具：防爆对讲机 2 部。

2. 检查

1）站控室检查

①检查确认手操台“井下安全阀关断按钮”处于推入状态；

②检查确认油压、套压、油温、套温的数据，地面安全阀和井下安全阀开关状态在人机界面上显示与现场情况一致。

2）空压机检查

①检查确认空压机电路已接通、气动管线接通无渗漏，保护接地外观完好；

②检查确认空压机启动按钮处于“Auto（自动）”位置，输出压力为 6～8bar（压力可根据现场情况调节）；

③当空压机无法进行自动补压时，启动氮气瓶给井口控制柜提供气源。

3）井口控制柜检查

①检查确认控制柜 220V AC 电源接通，气源接通无渗漏，压力值为 0.6～0.8MPa；

②检查确认液压油在油位指示器上观察口 1/2～2/3 处；

③检查确认“中压手动泵供液”、“高压手动泵供液”处于关闭（垂直）位置，“高压泵”、“中压泵”处于开启（水平）位置，地面液控供液阀、井下液控供液阀处于开启（水平）位置；

④检查确认控制柜后面的对应井高低压限位阀的屏蔽球阀处于关闭（垂直）状态。

3. 操作

1）打开井下（或地面）安全阀

①打开井下安全阀。

在人机界面上按下单元关断界面内的复位按钮后、再按下井口控制柜对应的“RESET”（复位）按钮。拔起井下安全阀（SCSSV）手拉阀，井下安全阀（SCSSV）供液压力逐渐升高直至其打开，此时压力值为 6000～8000psi。

②打开地面安全阀。

根据关断原因逐级进行复位，站场复位时按下列方式进行：

a. 在站控室操作面板上按下站场泄压关断复位按钮后（或站场保压关断复位按钮，或在人机界面上按下单元关断复位按钮），再按下井口控制柜对应的“RESET”（复位）按钮。拔起地面安全阀手拉阀并按下销钉锁定，地面安全阀供液压力逐渐升高至 3000～4000psi，此时地面安全阀打开；

b. 当井下、地面安全阀均开启，井口压力高于井口关断压力值且稳定后再将对应井高低压限位阀的屏蔽球阀处于开启（水平向左）状态，投运高低压限位阀。

2）关闭井下（或地面）安全阀

①关闭井下安全阀。

a. 按下井口控制柜井下安全阀手拉阀，井下、地面液控回路先导压力泄压为 0，地面安全阀先关闭，井下安全阀后关闭。

b. 通过触发单元关断“SCSSV（井下安全阀）”指令，地面安全阀先关闭，井下安全阀后关闭。

c. 在站控室手操台上拔出“SCSSV（井下安全阀）关断按钮”，地面安全阀关闭后井下安全阀关闭。

②关闭地面安全阀。

a. 站场触发站场（泄压、保压）关断、单元关断，地面安全阀通过SCADA系统远程自动关断；

b. 就地关断地面安全阀：按下地面安全阀手拉阀，地面液控回路压力下降为0，地面安全阀关闭；

③RTU关断。

a. 按下RTU柜上“EMERGENCY Shutoff”（紧急关断）按钮，地面安全阀先关闭，井下安全阀后关闭。

b. 按下RTU柜上“SSV Shutoff”（地面关断）按钮，地面液控回路压力下降为0，地面安全阀关闭。

4. 注意事项

（1）操作时必须穿戴防护器具，且有人监护；

（2）若上述的自动或手动关阀操作无法关闭地面或井下安全阀，非常紧急情况下可切断对应井的对应安全阀液压管线进行紧急关阀；

（3）高低压限位阀为机械关断阀，在井口压力未达到低压设定值前必须将控制柜后球阀打为“超驰”（竖直）位置。待系统压力稳定且高于ESD-3关断压力值时再将其打为“正常”（水平）位置；

（4）投运井下安全阀后，禁止在非紧急状况下触发控制柜及手操台“SCSSV”关断按钮，禁止触发控制柜RTU“EMERGENCY Shutoff”按钮，以免井下安全阀意外关闭；

（5）空压机每天进行一次彻底排水；

（6）添加液压油类型为Shell T15，严禁将不同类型的液压油混用。

6.3.4.2 液控液型井口控制柜的操作

1. 准备

（1）消、气防器具：便携式硫化氢检测仪2台；正压式空气呼吸器2套。

（2）工用具：防爆对讲机2部。

2. 检查

1）站控室检查

①检查确认手操台井下安全阀的手拉阀处于推入状态；

②检查确认油压、套压、油管温度、套管温度、地面安全阀和井下安全阀开关状态在人机界面上显示与现场情况一致。

2）控制柜检查

①检查确认控制柜220V AC电源正常，电动泵电源按钮是否处于自动状态；

②检查液压油管路连接完好无泄漏；

③检查确认液压油在液位计1/3~2/3位置处；

④检查确认高压泵、中压泵已启动；确认先导压力为80~120psi。

3. 操作

1）打开井下安全阀

在人机界面上按下单元关断复位按钮。拔起井口控制柜控制面板井下安全阀手拉阀，并按下锁定销，井下安全阀液压管线内压力逐渐升高直至井下安全阀打开，此时压力值约为6000～8000psi（若压力不在此区间，可调节对应井的井下安全阀液控压力调节阀）。

2）打开地面安全阀

①在站控室手操台上按下站场泄压关断复位按钮、保压关断复位按钮、在人机界面上按下单元关断复位按钮后。拔起井口控制柜控制面板地面安全阀手拉阀，并按下锁定销，地面安全阀液压管线内压力逐渐升高直至地面安全阀打开，此时压力值约3000～5000psi。（若压力不在此区间，可调节对应井的地面安全阀液控压力调节阀）；

②当井下、地面安全阀均开启，井口压力高于井口压力关断值且稳定后将高低压限位阀投用。

3）手动泵打压

手动打压至所需压力即可。地面安全阀为3000～5000psi，井下安全阀为6000～8000psi。

4）关阀操作

①远程自动关阀。

通过SCADA远程关断，触发站场（泄压、保压）关断、单元关断指令，地面安全阀关闭；此外单元关断界面里可单独触发井下安全阀关断指令，地面安全阀先关闭，井下安全阀后关闭。

②现场关断地面安全阀。

按下地面安全阀手拉阀，地面液压管线回路压力下降为0，地面安全阀关闭。

③现场关断井下安全阀。

按下控制柜井下安全阀手拉阀，井下、地面液控回路压力下降为0，地面安全阀、井下安全阀关闭。

在站控室操作台上拔出“SCSSV关断按钮”，关断地面安全阀、井下安全阀。

4. 注意事项

（1）操作时必须穿戴防护器具，且有人监护；

（2）若上述的自动或手动关断操作无法关闭地面或井下安全阀，非常紧急情况下可切断对应井的对应安全阀液压管线进行紧急关阀；

（3）禁止在非紧急状况下触发站控室手操台“SCSSV关断”按钮，以免井下安全阀意外关闭；

（4）必须在井下安全阀完全开启后再开启地面安全阀。

6.3.5 控制装置维护保养

6.3.5.1 日常维护保养

（1）每天对控制装置至少进行一次验漏和观察液控管线有无异常情况，如：管线接头有漏液压油，气控管线有渗漏情况等。

（2）空气压缩机每天至少排水一次。

（3）保持控制柜清洁无污物、无锈蚀。

6.3.5.2 常规巡查维护

地面安全控制系统常规巡查维护每季度一次，维护内容如下：

(1) 检查高低压先导传感器的设定值，确认设置，保证无控制作用的死区；

(2) 使安全阀动作，进行一次ESD紧急手动关断；

(3) 检查所有管线连接处的泄漏，特别是检查安全阀驱动器活塞杆、执行元器件、感测点截止阀是否有渗油；

(4) 检查油箱液位，及时补充液压油至正常液位（1/3 ~2/3）；

(5) 保持控制柜的清洁；

(6) 检查、紧固连接管线各管接头、部件松动的螺栓、螺母；

(7) 检查安全阀屏蔽针阀阀位是否正常，并清洁安全阀屏蔽针阀及驱动器外表面；

(8) 检查各压力表显示值是否正常，对显示不正常的压力表应及时予以更换；

(9) 认真填写维护保养记录。

6.3.5.3 周期巡查维护

地面安全控制系统周期巡查维护每半年一次，除开展常规巡查维护内容外，还应该有如下内容：

(1) 检查地面安全控制系统内的各执行元件（液控阀、安全阀、中继阀、减压阀等）工作正常，更换部分损坏或老化的零件及密封件；

(2) 检查所有开关、阀类操作是否灵活；

(3) 检查并更换地面安全控制系统内各接头处密封件；

(4) 清洗检查地面安全控制系统内其余部件是否完好，更换损坏操作件；

(5) 检查蓄能器的氮气冲装情况；

(6) 测试安全溢流阀；

(7) 对控制系统分别进行手动、电磁阀启动调试一次，并与《地面安全控制系统参数表》进行比对，对不符合项进行重新调试，调试正常后投入生产运行；

(8) 认真填写维护保养记录。

6.3.5.4 停产检修

对井口控制柜进行一次停产检修，其检查维护保养内容如下：

(1) 执行周期巡查保养的全部内容；

(2) 排放地面安全控制系统油箱内陈油，拆卸清洗空气滤清器及吸（回）油过滤器并加注系统合格液压油；

(3) 进行地面安全阀功能测试（参照6.3.3.1）；

(4) 进行井下安全阀功能测试（参照6.3.3.2）；

(5) 进行高低位限压阀功能测试（参照6.3.3.3）；

(6) 远程操作调试（参照6.3.3.4）；

(7) 阀位反馈信号调试（参照6.3.3.5）。

6.4 多功能控制管汇

多功能控制管汇包括节流管汇、压井管汇、防喷管线、放喷管线等，多功能控制管汇是成功控制井涌、实施气井压井、加注环空保护液等作业的必须设备。其中节流管汇由节流阀、平板阀、汇流管、三通和压力表等部件组成，压井管汇由单流阀、平板阀、三通和压力表等组成。如图 6－27 所示。

图 6－27　多功能控制管汇图

6.4.1　多功能控制管汇的作用

6.4.1.1　节流管汇

（1）对油、技、表套流体进行观测、适时放喷点火，对油套环空加注环空保护液、加注氮气、加注柴油等作业。

（2）通过管汇的泄压作用，降低井口套管压力，保护油层套管。

（3）通过循环滑套，可替换井内被污染的井液。

（4）通过节流阀泄压，降低井口压力，实现“软关井”。

（5）起分流放喷作用，将溢流物引出井场以外，确保人员安全。

6.4.1.2　压井管汇

通过压井管汇往井筒里强行吊灌或顶入重压井液，实施压井作业。

6.4.2　多功能控制管汇技术规范

普光气田使用的不同厂家生产的多功能控制管汇技术参数一致，见表 6－3，示意图见图 6－28。

表 6－3　多功能控制管汇技术参数

项目	技术参数
压力级别	70MPa（10000psi）
材料级别	EE
管线外径	65mm（$2\frac{9}{16}$in）
壁厚	≥6.45mm
连接形式	丝扣连接
与管汇台连接	法兰连接、$3\frac{1}{2}$in 短节、90°弯头、S 弯管
其余附件	高强度螺栓、螺母；密封钢圈、接箍

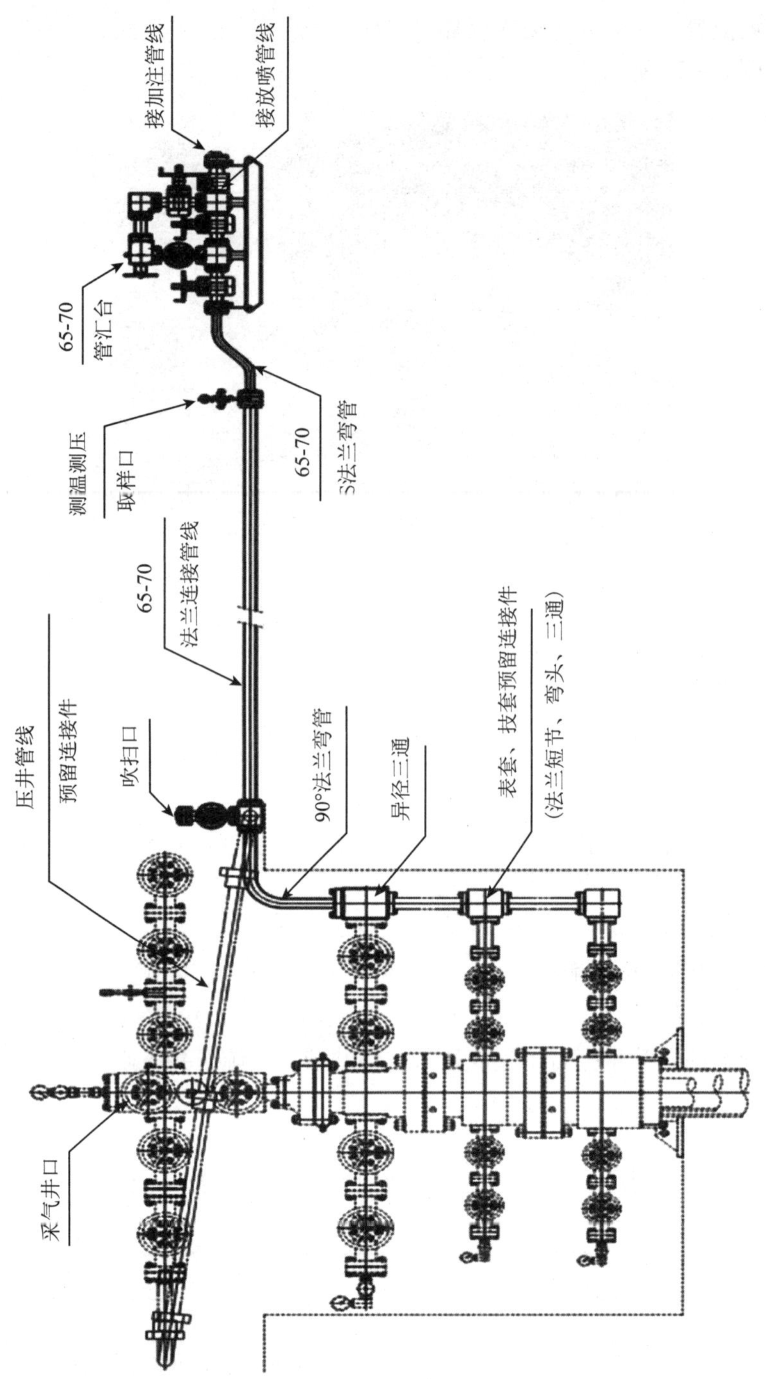

图 6－28　多功能控制流程示意图

6.4.3　多功能控制管汇的维护保养

6.4.3.1　日常维护保养

（1）每周活动一次多功能控制管汇闸阀，对采气树 1#总阀和生产翼 2 个闸阀进行活动时，为了不影响生产，对这三个阀门活动全开全关总圈数的 1/3 后迅速恢复，其余阀门（包括表套和技套阀门）全开全关一次。

（2）对多功能控制管汇进行防腐处理，保持清洁无污物、无锈蚀。

6.4.3.2　常规巡查维护

每半年进行一次，具体内容如下。

（1）检查管线及连接头是否老化、破损，管线连接是否牢靠。

（2）对管汇台的阀门及其他设施进行检查、维护和保养。检查阀门、压力表及附件的易损件是否老化、破损，并对其及时更换。

6.4.3.3　周期巡查维护

每年进行一次，除包含常规巡查维护内容外，对所有阀门加注润滑脂进行润滑维护保养，然后保持全开全关一次。

6.4.3.4　停产检修

多功能控制管汇停产检修内容如下：

（1）执行周期巡查保养的全部内容；

（2）进行多功能控制管汇阀门调试：

①连续完全开关阀门数次，保证阀门运行正常，确保阀门开关灵活；

②开关阀门，确认阀门开关能达到规定圈数；

③反复活动阀门，确认阀门能够正常开关；

④若不正常，使用阀门开关工具对阀门进行开关作业，并用润滑脂润滑轴承、阀体，直至阀门活动正常；

⑤对阀门进行试压、验漏。

6.5　井口监测装置

监测装置主要由压力、温度监测装置和火气监测装置组成。压力温度监测装置主要有压力表、温度表、压力变送器、温度变送器；火气监测装置主要有固定式硫化氢探测仪、固定式可燃气体探测仪和火焰探测器等。

6.5.1　压力监测装置

6.5.1.1　压力表

压力测量仪表按工作原理分为液柱式、弹性式、负荷式和电测式等类型，其中弹性式压力计在工业上是应用最为广泛的一种测压仪表。

普光气田气井采气树压力监测常选用具有耐高压、耐腐蚀、高抗震、精度高、防爆等特性的弹簧管隔膜压力表（图 6－29）。此类压力表以隔离膜片将被测介质与测量元件分开，以保护测量弹性元件的压力表，用以测量有腐蚀性、高黏度、易结晶，含有固体状颗粒或温度不高于 200℃介质的压力，压力表安装位置为采气树的生产翼、油套、技套、表套和测试阀门。

1. 压力表测量范围的确定

（1）测量稳定压力时，正常工作压力应为量程的 1/3～2/3。

（2）测量脉冲压力时，正常工作压力应为量程的 1/3～1/2。

（3）测量压力大于4MPa时，正常工作压力应为量程的1/3～3/5。

图6－29　隔膜压力表

2. 压力表的精度等级

压力表的精度等级，是以允许误差占压力表量程的百分率来表示的，数值越小，其精度越高。

（1）一般压力表准确度等级：1.0级、1.6级、2.5级和4.0级。

（2）精密压力表准确度等级：0.1级、0.16级、0.25级和0.4级。

（3）活塞式压力计准确度等级：0.02级（一等）、0.05级（二等）和0.2级（三等）。

3. 压力表的维护保养

（1）保持铭牌、表盘的清楚、明晰，经常擦拭，防锈。

（2）每周对压力表进行验漏，确保每个密封点无漏点。

（3）至少每半年对压力表进行一次检定。

6.5.1.2　压力变送器

压力变送器是一种将被测压力转换为可传送的统一输出信号的仪表，而且输出信号与压力变量之间有一定的连续函数关系，通常是线性关系。

1. 压力变送器的工作原理

压力变送器是将压力信号转换为标准电流信号的仪表，其原理是：被测压力作用到测量元件上，随着被测压力的变化，产生与被测压力成比例的微小位移，这个位移通过相应的转换机构，转换成标准电流信号，通过传送部件的运算放大后，输出与被测压力成线性关系的标准电流信号。压力变送器可用于测量表压、绝压、真空度等。普光气田常用的压力变送器安装位置为生产翼、油套、技套和表套处，如图6－30所示。

2. 压力变送器的维护保养

（1）保持铭牌、表头的清楚、明晰，经常擦拭，防锈。

（2）各部件应配装牢固，不应有松动、脱焊或接触不良等现象。

（3）注意防爆戈兰头处密封，防止进水，及时除锈。

（4）通电时，不得在爆炸性环境下拆卸变送器表盖。

（5）每年对仪表进行检定。

图 6－30　压力表与压力变送器

6.5.2　温度监测装置

6.5.2.1　双金属温度计

双金属温度计是基于绕制成环形弯曲状的双金属片组成，一端受热膨胀时，带动指针旋转，仪表指针便显示出相对应的温度值，如图 6－31 所示。

图 6－31　双金属温度计

6.5.2.2　温度变送器

高含硫化氢气田采用的温度变送器一般均为一体化温度变送器（图 6－32）。一体化温度变送器的作用是把热电偶或热电阻这类温度传感器输出的热电势或电阻值转换成统一标准信号输出，以便送给其他单元组合仪表进行指示或控制。一体化温度变送器的输出为统一的 4～20mA 电流信号，可与微机系统或其他常规仪表匹配使用。也可应用户要求做成防爆型或防火型测量仪表。普光气田主要用智能型温度变送器，其在井口的安装位置为生产翼、油套、技套和表套处。

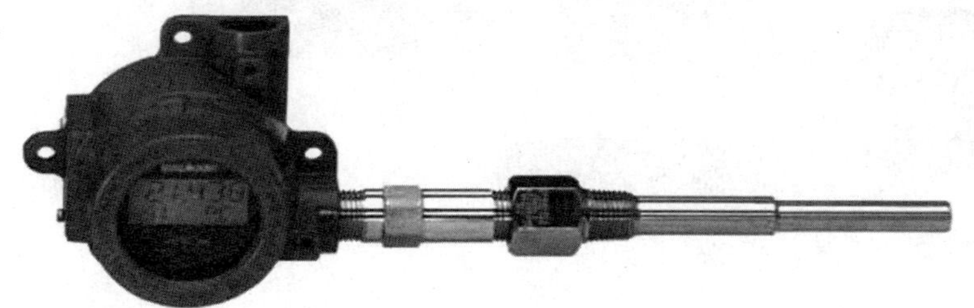

图 6－32　一体式温度变送器

6.5.3 火气监测装置

SCADA（Supervisory Control And Data Acquisition）系统，即数据采集与监视控制系统。它可以对现场的运行设备进行监视和控制，以实现数据采集、设备控制、测量、参数调节以及各类信号报警等各项功能。普光气田集输系统采用 SCADA 系统进行自动化控制，其中 ExperionPKS 系统用于中心控制室及站场控制室完成对地面集输过程中的数据采集和监视控制。站控系统（SCS）主要包括安全仪表系统（SIS）和过程控制系统（PCS）两个子系统，如图 6－33 所示。其中安全仪表系统（SIS）包含火气监控系统（FGS）和紧急停车系统（ESD）两部分。过程控制系统（PCS）采用通用的 PLC 系统，负责站内正常的生产流程以及辅助流程的数据采集和控制，并接收调度中心调度控制指令。安全仪表系统（SIS）根据工艺流程中的各种失控事件以及火气检测异常报警、安全连锁相关设备，可减少事故发生的概率，减轻所造成的后果，从而减少生产过程的危险程度。确保人员以及生产的安全，并接收调度中心安全仪表系统的指令。

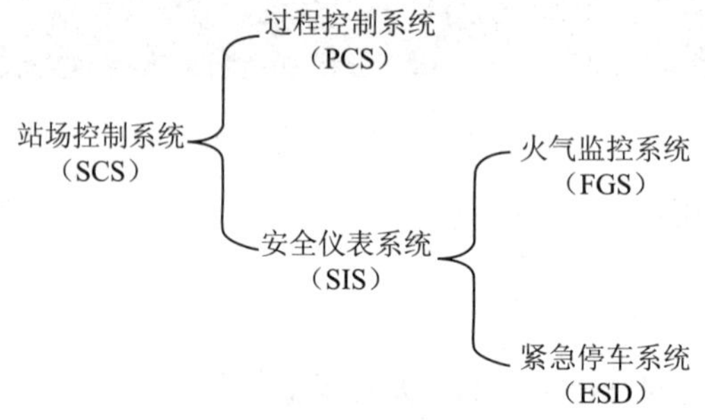

图 6－33 站场控制系统（SCS）的组成

火气监控系统（FGS）是将现场所有用于检测火焰（灾）和气体泄漏的探测器和报警器、感烟探测器、感温探测器等，连接组成一个监控系统。站场火气系统的组成如图 6－34 所示。

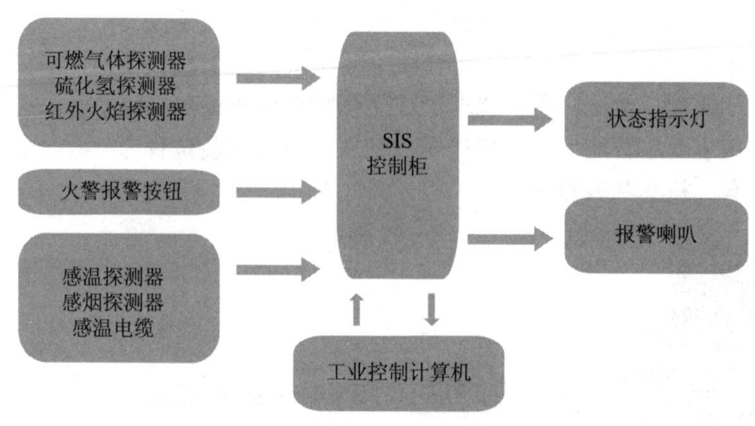

图 6－34 站场火气系统的组成

火气监控系统（FGS）作用如下。

（1）强大的功能　实现对多种可燃气体，有毒气体，火焰，烟气和热的检测。

（2）实时状态显示　迅速的显示各个探测器的状态（浓度显示，故障、高报、低报状态显示等）。

（3）分区报警　按照现场的实际情况，分区显示报警状态。

（4）自动化　可自动控制消防释放及声光报警。

站场火气监控系统的现场布置：泄漏点的位置以及探头的检测半径设置了可燃气体探测器、硫化氢探测仪、火焰探测器。

6.5.3.1　固定式硫化氢探测仪

硫化氢气体探测仪主要是检测空气中的硫化氢浓度，探测仪由显示面板、传感器、防雨罩、浪涌保护器组成，如图 6 - 35 所示。其在井口的安装位置一般都是在方井池底部和方井池池边。

图 6 - 35　井口区硫化氢气体探测仪

硫化氢气体探测仪是通过把现场的气体浓度产生 4 ~ 20mA 的电流信号传到站控室 SCADA 机柜室，SCADA 系统再通过电流信号转换成模拟信号，在 SCADA 界面上显示。硫化氢探测器在 SCADA 界面的显示量程是 0 ~ 100ppm，正常情况下，硫化氢探测器的数据显示为 0ppm。根据硫化氢浓度的阈限值 10ppm 和安全临界浓度 20ppm，固定式硫化氢气体探测器设置低报警值为 10ppm，高报警值为 20ppm。当硫化氢的浓度达到 10 ~ 20ppm 之间时，属于低报警值，硫化氢探测仪上显“L”，信号传输到站控室，在 SCADA 人机界面上相对应位置的硫化氢符号显示黄色，同时，SCADA 系统提示硫化氢报警。当硫化氢浓度达到 20ppm 以上时，属于高报警值，硫化氢探测仪显示“H”。相应的在站控室的 SCADA 人机界面上，相对应位置的硫化氢符号显示红色，同时，SCADA 系统提示硫化氢高报警。为了更早发现气体泄漏，采气厂将固定式硫化氢探测器的低报警值设置为 3ppm，利于员工提前发现泄漏和做好相应的处置准备。

由于硫化氢的密度比空气重，硫化氢探测器的安装高度不宜过高，通常在 0.3 ~ 0.6m 之间。

井口区、井口分离器和加热炉区、计量分离器区、外输阀组区、火炬分液罐区、火炬区均根据

6.5.3.2 固定式可燃气体探测仪

可燃气体探测仪应具备可测量可燃气体爆炸下限浓度的0～100% LEL、很强的反应灵敏度、具有较高的测量精度、其元件不会受被测环境气体中其他组分的影响、能防止水蒸气进入、使用寿命长等特点，其在井口的安装位置为方井池池边，如图6－36所示。

图6－36 固定式可燃气体探测仪

可燃气体探测主要监测天然气中的甲烷浓度，探测器由显示面板、传感器、浪涌保护器组成，甲烷在空气中的爆炸极限浓度为5%，可燃气体探测器通过检测甲烷在空气中的爆炸极限浓度，产生4～20mA的电流信号传到站控室SCADA机柜室，SCADA系统再通过电流信号转换成模拟信号，在SCADA界面上显示。可燃气体探测器在SCADA界面的显示量程是0～100 % LEL，正常情况下，可燃气体探测器的数据显示为0。由于甲烷的密度比空气小，可燃气体探测器的高度比较高，安装高度为0.5～2m左右。

为提前做好准备及响应工作，做到提前预知、提前预防、及时处理，设置可燃气体爆炸下限浓度的25% LEL为低报警点、50% LEL为高报警点。当可燃气体爆炸极限浓度达到25%～50% LEL的爆炸浓度时，属于低报警值，可燃气体探测器面板上右上角的红灯亮。在站控室的SCADA界面上，相对应位置的可燃气体探测器符号显示黄色。同时，SCADA系统提示可燃气体探测器低报警。当可燃气体爆炸极限浓度达到50% LEL以上时，属于高报警值，可燃气体探测器面板上右上角的红灯亮。在站控室的SCADA界面上，相对应位置的可燃气体探测器符号显示红色，同时，SCADA系统提示可燃气体探测器高报警。正常情况下，可燃气体探测器的显示面板左上角的绿灯亮，说明可燃探测器供电正常，没有报警。

6.5.3.3 火焰探测器

火焰探测器应具备灵敏度高、防爆装置、自我清除冷凝物和冰霜、寿命长等特性。普光气田选用的火焰探测器为三重红外式火焰探测仪，其在井口的安装位置位于方井池池边，如图6－37所示。

图 6－37　火焰探测器

火焰探测器具有很高的敏感性和大范围的探测能力，而且对错误报警具有较高的免疫力，提供早期的火焰报警。正常情况下，火焰探测器在站控室的 SCADA 界面上显示绿色，当火焰探测器探测到火焰，相对应位置的火焰探测器符号显示红色，同时，SCADA 系统提示火焰探测器报警，站场广播对讲系统语音提示"XX 站火警"，以告知站场人员当前现场情况。

6.5.3.4　感温、感烟探测器

站控室内的每个房间均设置了感温、感烟探测器，其中机柜间和仪表值班室的防静电地板下还设置了感烟探测器以及感温电缆以便于及时发现电缆火灾，如图 6－38 所示。

图 6－38　感温感烟探测器

图 6－39　火灾手动报警按钮

6.5.3.5　火灾手动报警按钮

站控室的走廊以及站场内部，根据巡检和人员行走路径，设置了多处手动报警按钮，以便于巡检人员发现火灾情况后及时触发报警按钮通知值班室操作人员，如图6－39所示。

6.5.3.6　站场状态指示灯

如图6－40所示，站场在重要部位设置状态指示灯，指示灯共有四种状态：

图6－40　站场状态指示灯和报警喇叭

蓝色：站场ESD－1级关断；
红色：火焰报警；
黄色：气体泄漏报警；
绿色：正常。

6.5.3.7　报警喇叭

站场内围绕工艺操作区设置了报警喇叭，报警喇叭可通过关断报警、泄漏报警、火灾报警三种声音，分别告知站场工作人员目前所处的状态，用来和状态指示灯结合，给予操作人员明确的指示。

6.5.3.8　站场火气监控系统的逻辑控制

1. 站场火灾报警

如果发生以下任何一种情况。

（1）站场任何一个火焰探测仪报警器报警。

（2）站场任何一个火灾报警按钮按下。

站场火气系统执行以下动作：

（1）站场状态灯报警（红色）；

（2）站场报警喇叭发出火灾报警；

（3）站场广播自动联锁播报语音提示。

2. 站场气体泄漏报警

如果发生以下任何一种情况。

（1）井口区、加热炉区、加注撬区或阀组区任一区域大于等于两个硫化氢探测仪报警（一般情况下为大于等于两个，个别站场稍有不同）。

（2）井口区、加热炉区、加注撬区或阀组区任一区域两个可燃气体探测仪报警。

站场火气系统执行以下动作：

（1）站场状态灯报警（黄色）；

（2）相应区域报警喇叭发出气体泄漏报警；

（3）站场广播自动联锁播报语音提示。

3. 站控室火灾报警

如果发生以下任何一种情况。

（1）站控室任何一个感烟探测器报警；

（2）站控室任何一个感温电缆报警；

（3）站控室火灾报警按钮按下。

站场火气系统执行以下动作：

站控室声光报警喇叭发出火灾报警。

6.5.3.9　火气监测仪表的维护保养

1. 常规维护保养

（1）进行任何包括清洁在内的保养时都要断电。

（2）清洁视窗上的尘土和水汽时先用干净软布和洗涤剂擦，然后用清水冲洗。

（3）清除油渍时，先用相应洗涤剂清除，然后用清水擦拭清洗，最后用干净软布擦拭。

2. 法定检测和功能测试

站场固定式硫化氢探测器和固定式可燃气体探测器、固定式火焰探测器、感温感烟探测器，隧道内红外和激光对射式气体泄漏检测仪的法定检定周期均为 1 年，便携式硫化氢检测仪，便携式可燃气体检测仪（或 O_2、CH_4、CO 多合一检测仪）的法定检定周期为半年。

由于普光气田地处山区，气候潮湿，对固定式探测器传感器有一定的环境影响，为了确保各种探测器传感器在检定周期内保持灵敏可靠，采气厂执行两级比对方式，采气区每月定期用标气对固定式硫化氢探测器、固定式可燃气体探测器进行示值比对，计量化验站每季度比对一次。每月用模拟发生器对固定式火焰探测器、感温感烟探测器，隧道内红外和激光对射式气体泄漏检测仪进行功能测试。

思　考　题

1. 选择题

（1）普光气田井口采气树特点是（　　）。

A. 双翼双阀　　B. 单翼双阀　　C. 单翼单阀　　D. Y 型双翼

（2）液控液控制柜高压泵最大输出压力是（　　）。

A. 7000psi　　B. 8000psi　　C. 8500psi　　D. 10000psi

（3）现场状态灯的不同颜色分别指示当前站场所处的几种状态（　　）。

A. 3 种　　B. 4 种　　C. 5 种　　D. 6 种

（4）采气井口装置常规维护保养________一次。

A. 每周　　B. 每月　　C. 每季度　　D. 每年

（5）法定每________对压力表进行一次检定。

A. 半年　　B. 月　　C. 季度　　D. 年

2. 填空题

（1）普光气田三高气井的井控设备根据功能主要分为四部分，即________、________、________和________。

（2）采气井井口装置是悬挂井下________、________，密封________和两层套管之间的环形空间以控制油气井生产，以及进行酸化、压裂、注化学剂等的关键设备。采气井井口装置主要包括________、________和________三人部分。

（3）普光气田具有单井日产气量差异大的特点，同时考虑到气井增产措施和经济效益，选择了________井口，双翼井口有利于酸化和酸压增产措施排液，可不停产进行________。主通径配置________，并选配了井组安全控制系统。

（4）普光气田采气树闸阀均为平板闸阀，最高工作压力：________psi，工作温度：________。

（5）安全仪表系统分为__________和__________。

（6）开启状态下，井下安全阀压力为________psi。

（7）开启状态下，地面安全阀压力为________psi。

（8）笼套式节流阀分为________和________两种。

（9）采气井口装置的选择主要考虑气井________、________、________、温度以及安全等因素。

（10）普光气田采气井口装置及部件的材料为________级，内堆焊________，满足了耐 H_2S、CO_2 腐蚀要求，并采用________密封，井口密封可靠。

（11）易熔塞熔化温度为________或________，关断时________及________均关断，________在________延迟 0 ~ 90s 后关闭。

3. 简答题

（1）简述采气井控设备的主要功能。

（2）简述地面安全阀的工作原理。

（3）油管头的主要作用是什么？

第7章

生产井的井控管理

7.1 生产井概述

加强高含硫气井安全生产工作，提高气井的井控管理水平，落实中国石化安【2011】907 号《中国石化石油与天然气井控管理规定》文件精神，依据井下管柱完整性、环空流体性质、环空带压情况等进行划分，并结合现场实际管理需要，对生产气井实行分类管理。

7.1.1 生产井的分类

依据以上分类原则，把生产井分成两大类：

（1）正常生产井；

（2）特殊生产井。

其中特殊生产气井又分为 4 小类，分别是：

（1）套管环空压力异常井；

（2）井下含落鱼井；

（3）未安装井下安全阀井；

（4）套管变形井。

7.1.2 生产井的井况

普光气田生产井井况如表 7－1 所示。

表 7－1 普光气田生产井井况统计表

序号	井号	油管压井	油套压井	技套压井	表套压井	目前情况	安装原因
1	普光 101－2H	有	有	有	有	正常	套压高
	普光 101－3	有	有	有	有	正常	套压高
2	普光 102－1	有	有	无	无	井下落鱼	套压高
	普光 102－2	有	有	无	无	套管含硫	套管含硫
	普光 102－3	有	有	无	无	无	套压高
3	普光 103－1	有	有	有	有	套管渗漏	套管渗漏
	普光 103－2	有	有	有	有	套管含硫	套管含硫
	普光 103－4	有	有	有	有	无井下安全阀	无井下安全阀
4	普光 104－1	无	无	无	无	正常	
	普光 104－2	无	无	无	无	环空保护液不达标	
	普光 104－3	无	无	无	无	正常	

续表

序号	井号	油管压井	油套压井	技套压井	表套压井	目前情况	安装原因
5	普光 105 - 1H	无	无	无	无	正常	
	普光 105 - 2	无	无	无	无	套管渗漏	
6	普光 106 - 2H	无	无	无	无	套管渗漏	
7	普光 107 - 1H	有	有	有	有	套管含硫	套管含硫
8	普光 201 - 1	有	有	有	有	套管渗漏	套管渗漏
	普光 201 - 2	有	有	有	有	环空保护液不达标	环空保护液不达标
	普光 201 - 4	有	有	有	有	正常	套压高
9	普光 2011 - 3	有	有	有	有	套管渗漏	套管渗漏
	普光 2011 - 5	有	有	有	有	正常	套压高
10	普光 202 1	无	无	无	无	正常	
	普光 202 - 2H	无	无	无	无	正常	
11	普光 203 - 1	无	无	无	无	套管含硫	
12	普光 204 - 2H	有	有	有	有	套变严重	
13	普光 301 - 2	无	有	无	无	套管含硫	套管含硫
13	普光 301 - 3	无	有	无	无	油技套含硫	油技套含硫
	普光 301 - 4	无	有	无	无	正常	套压高
14	普光 3011 - 1	无	无	无	无	正常	
	普光 3011 - 5	无	无	无	无	正常	
15	普光 302 - 1	无	有	无	无	正常	套压高
	普光 302 - 2	无	有	无	无	套管渗漏	套管渗漏
	普光 302 - 3	无	有	无	无	正常	套压高
16	普光 303 - 1	有	有	有	有	正常	套压高
	普光 303 - 2	有	有	有	有	正常	套压高
	普光 303 - 3	有	有	有	有	正常	套压高
17	普光 304 - 1	无	无	无	无	正常	
18	普光 305 - 2	无	无	无	无	套管含硫	
19	大湾 401 - 1	无	无	无	无	套管含硫	
20	大湾 402 - 1H	无	无	无	无		
	大湾 402 - 2H	无	无	无	无		
	大湾 402 - 3	无	无	无	无		
21	大湾 403 - 1H	无	无	无	无		
22	大湾 404 - 1H	无	无	无	无		
	大湾 404 - 2H	无	无	无	无		
23	大湾 405 - 1H	无	无	无	无		
	大湾 405 - 2H	无	无	无	无		
	大湾 405 - 3	无	无	无	无	套变严重	
24	毛坝 502 - 1	无	无	无	无		

续表

序号	井号	油管压井	油套压井	技套压井	表套压井	目前情况	安装原因
25	毛坝 503－1	有	有	有	有	井下落鱼	
	毛坝 503－2H	有	有	有	有		

7.2　正常生产井的井控管理

7.2.1　人员的准备

（1）采气作业人员应接受井控知识与技能培训。

对现场操作人员、技术人员、安全工程师以及各级主管领导，应进行井控证、HSE 证、H_2S 防护培训等相关证件培训。

（2）采气作业井控带班值班要求。在投入生产前，生产管理干部需在现场带班值班，解决生产过程中的各种问题，指导井站职工掌握正确的操作方法，使井站员工管好、用好新流程。

（3）“三高”气井开井前应编制开井方案，方案中必须包括井控内容，按程序审批并组织实施。

（4）开展系统仿真培训、岗位练兵、应急预案等现场岗位的专业培训，严格岗前考核。

（5）操作人员应正确穿戴劳保用品，严格按相关操作规程进行操作，现场应配置足够的气防器具，且取用方便。

（6）将事故案例汇编成册并组织学习。

7.2.2　井控设备的准备

1. 安全控制系统检查确认

（1）通过 SCADA 人机界面和工业电视监控系统检查确认火炬长明火处于燃烧状态；

（2）检查确认集气站火气监测系统处于运行状态；

（3）检查确认 SCADA 系统压力高高、低低关断信号处于超驰状态。

2. 地面安全控制系统检查内容

（1）控制柜应距井口不小于 25m，并在周围保持 2m 以上的人行通道，放喷池、火炬或燃烧筒出口距离井口应大于 100m。

（2）液压管线检查。

① 应将液压油加注到合适的液位，液位不得低于液位计的下限；

② 溢流阀在出厂已设定好，不得擅自改动；

③ 检查压力表；

④ 高低压限压关断状态；

⑤ 检查高低压限压阀控制阀开启状态，并检查回路压力。

（3）井下安全阀和地面安全阀开启状态检查。

① 通过地面控制系统液控压力判断井下安全阀开启状态。

a. 观察井下安全阀手拉阀是否提起，提起为开启状态，按下为关闭状态；

b. 开启状态下，井下安全阀压力为6000～8000 psi。

② 通过地面控制系统液控压力判断井口安全阀开启状态。

a. 观察井口安全阀，是否提起，提起为开启状态，按下为关闭状态；

b. 开启状态下，地面安全阀压力为3000～5000 psi。

（4）多功能控制管汇的出口为下风向，并用水泥基墩固定。且距离井口大于100m，与周围设施的距离应大于50m。

（5）装置区必须设置可燃气体、有毒气体探测器等监测设备，实时监测工作区状态。

高含硫化氢气中采气井口流程示意图如图7－1所示。

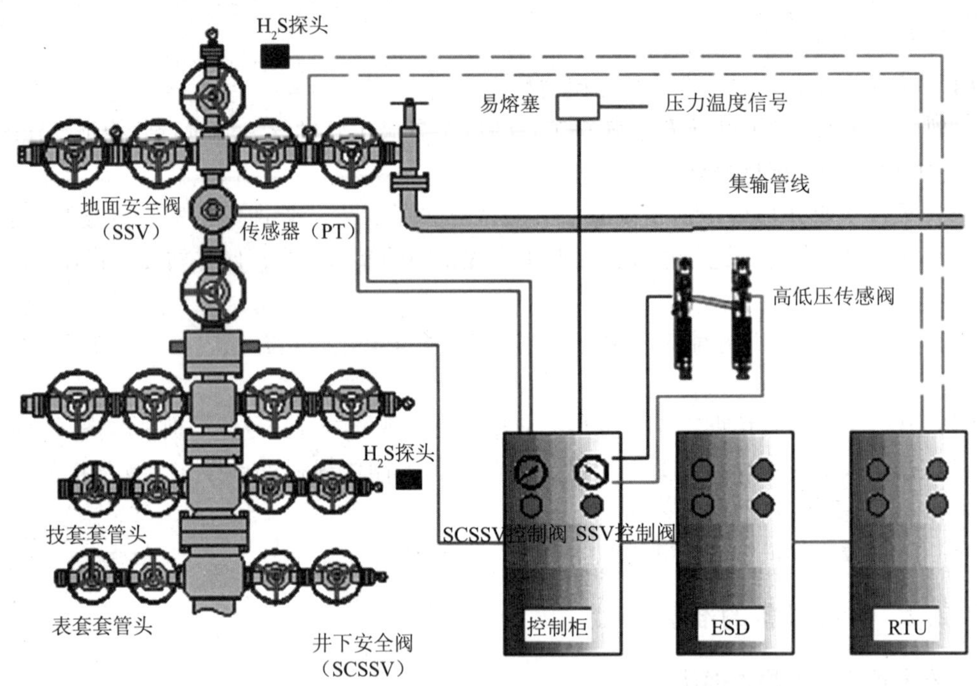

图7－1　高含硫化氢气井采气井口流程示意图

7.2.3　开关井安全技术操作规程

7.2.3.1　开关井前工具准备

（1）消气防器具：便携式硫化氢检测仪2台、正压式空气呼吸器2套、8kg灭火器2具；

（2）工用具：600mm防爆F扳手1把、防爆对讲机3部、验漏喷壶1个。

7.2.3.2　开关井前工艺流程检查

（1）检查确认装置区手动放空阀门已置于关闭状态；

（2）检查确认安全阀上下游阀门已置于开启状态；

（3）检查确认手动排污阀门已置于关闭状态；

（4）检查确认BDV阀已置于关闭状态，BDV液压管线高压压力表压力值为120～160bar，低压压力表压力值为12～16bar，BDV上下游阀门处于开启状态；

（5）检查加热炉处于正常工作状态，且水浴温度达到60℃以上；

（6）根据阀门确认卡检查其他阀门状态，确保工艺流程满足开井要求；

（7）根据仪表确认卡检查确认各仪表处于工作状态，检查确认就地仪表读数与 SCADA 界面相符；

（8）检查确认 SCADA 系统压力高高、低低关断信号处于超驰状态；

（9）检查确认井下、地面安全阀处于开启状态；

（10）通过 SCADA 系统和 CCTV（工业电视监控系统）检查确认火炬长明灯处于燃烧状态；

（11）检查确认集气站火气监测系统处于运行状态。

7.2.3.3　开关井操作步骤

开井操作：

（1）启动甲醇、缓蚀剂加注系统，根据气量调整加注量；

（2）缓慢打开井口生产阀门；

（3）打开井口笼套式节流阀；

（4）根据各级压力和气量调节井口笼套式节流阀开度，同时在人机界面调整二、三级节流阀开度，直至压力、气量参数符合要求；

（5）待井口压力稳定后，将 SCADA 系统压力高高、低低关断信号超驰取消；

（6）挂开、关牌；

（7）待生产参数正常后停止甲醇加注泵，关闭加注口球阀；

（8）填写开井时间、开井后油压、套压、油温、套温、产量等参数，并向上级汇报。

关井操作：

（1）根据调度室指令，作好记录：关井原因、时间，关井前的油压、套压、油温、套温，并记录对方单位、姓名；

（2）根据井口温度情况，启动甲醇加注系统；

（3）关闭笼套式节流阀；

（4）关闭生产闸阀；

（5）戴好绝缘手套，停运缓蚀剂加注泵；

（6）停运井口加热炉；

（7）停甲醇加注；

（8）挂开、关牌；

（9）填写关井时间、关井前油压、套压、油温、套温等参数，并向上级汇报。

开关井阀门状态如表 7－2 所示。采气树闸门编号示意图如图 7－2 所示。

表 7－2　开关井阀门状态表

序号	区域	阀门说明	初始状态	确认人	开井状态	确认人
1	采气树	井口 1 号主阀	开		开	
2		左边内侧套管 2 号阀门	开		开	
3		右边内侧套管 3 号阀门	开		开	
4		井口安全阀（4 号阀门）	开		开	
5		左边外侧套管 5 号阀门	关		关	
6		右边外侧套管 6 号阀门	关		关	
7		测试阀门（7 号阀门）	关		关	

续表

序号	区域	阀门说明	初始状态	确认人	开井状态	确认人
8	采气树	左边内侧油管 8 号阀门	开		开	
9		右边内侧油管 9 号阀门	开		开	
10		左边外侧油管 10 号阀门	开		开	
11		右边外侧油管 11 号阀门	关		开	
12		左边内侧技套 12 号阀门	开		开	
13		右边内侧技套 13 号阀门	开		开	
14		左边外侧技套 14 号阀门	关		关	
15		右边外侧技套 15 号阀门	开		开	
16		左边内侧表套 16 号阀门	开		开	
17		右边内侧表套 17 号阀门	开		开	
18		左边外侧表套 18 号阀门	关		关	
19		右边外侧表套 19 号阀门	开		开	
20		笼套式节流阀	关		调节	
21	井口区域	井口节流阀后第一个闸阀	开		开	
22		井口节流阀后第二个闸阀	关		开	
23		甲醇加注入口球阀	关		开	
24	井口及外输 BDV 区	BDV 上游第一个闸阀	开		开	
25		BDV	关		关	
26		BDV 下游第一个闸阀	开		开	
27		BDV 旁通闸阀	开		开	
28		BDV 旁通截止阀	关		关	
29	加热炉区	加热炉缓蚀剂加注入口处控制球阀	关		开	
30		加热炉一级节流阀	自控状态		调节	
31		加热炉二级节流阀	自控状态		调节	
32		加热炉出口球阀	开		开	
33	集气管线区	进生产管线入口处气动双作用球阀（多井站）	关		关	
34		进计量管线入口处气动双作用球阀（多井站）	开		开	
35		进生产管线入口处闸阀	开		开	
36		进计量管线入口处闸阀	开		开	
37	计量分离器	计量分离器进口球阀	开		开	
38		计量分离器气体出口流量计上游闸阀	开		开	
39		计量分离器气体出口流量计下游闸阀	开		开	
40		计量分离器气体出口流量计旁通闸阀	关		关	
41		计量分离器气体出口 DPV 上游闸阀	开		开	
42		计量分离器气体出口 DPV 下游闸阀	开		开	
43		计量分离器气体出口 DPV 旁通截止阀	关		关	
44		计量分离器出口进外输总计量球阀	开		开	

续表

序号	区域	阀门说明	初始状态	确认人	开井状态	确认人
45	外输总计量	外输总计量上游闸阀	开		开	
46		外输总计量下游闸阀	开		开	
47		外输总计量旁通闸阀	关		关	
48		外输总计量处甲醇加注入口球阀	关		开	
49		外输总计量处缓蚀剂加注入口球阀	关		开	
50		集气站出站紧急切断阀	开		开	
51		集气站出站紧急切断阀后球阀	开		开	

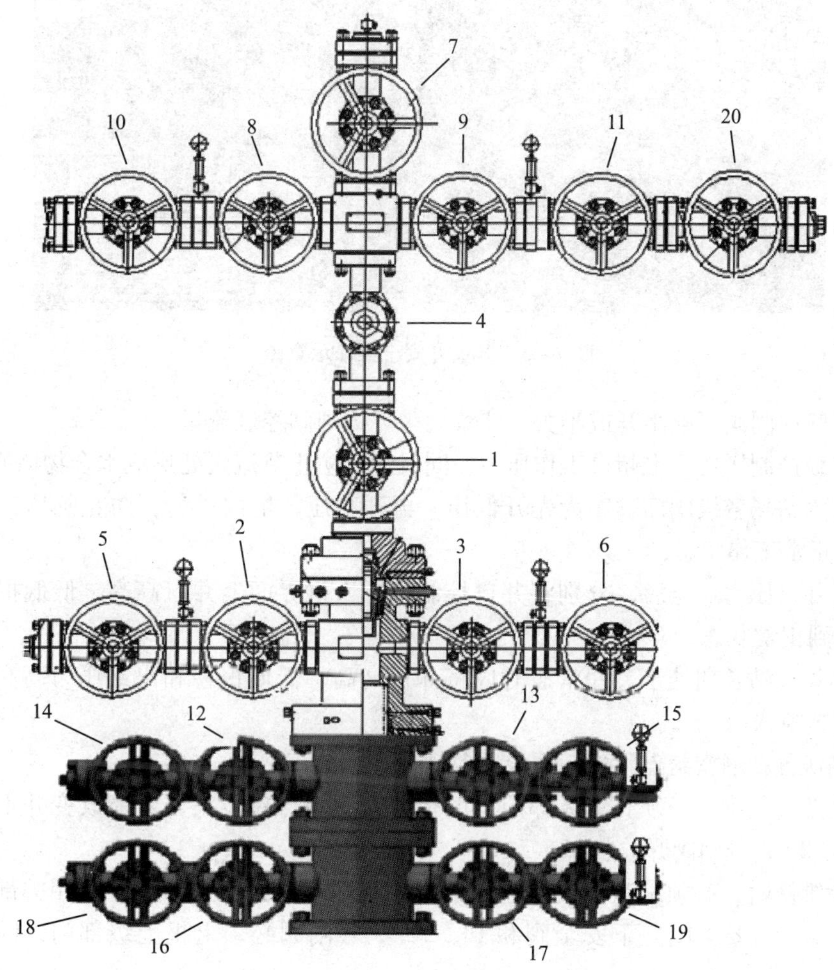

图 7－2　采气树闸门编号示意图

1—1#总闸门；2—生产套管左翼 1#闸门；3—套管右翼 1#闸门；4—2#总闸门；5—生产套管左翼 2#闸门；6—套管右翼 2#闸门；7—测压闸阀（又称清蜡闸阀）；8—油管左翼 1#闸门；9—油管右翼 1#闸门；10—油管左翼 2#闸门；11—油管右翼 2#闸门；12—技术套管左翼 1#闸门；13—技术套管右翼 1#闸门；14—技术套管左翼 2#闸门；15—技术套管右翼 2#闸门；16—表层套管左翼 1#闸门；17—表层套管右翼 1#闸门；18—表层套管左翼 2#闸门；19—表层套管右翼 2#闸门；20—右翼笼套式节流阀

7.2.3.4　开关井安全操作要求

（1）操作时，要正确佩戴便携式硫化氢检测仪及正压式空气呼吸器，两人同行，前后间隔至少5m且能看清对方，确保一人操作、一人监护。操作时要侧对闸门平稳进行，如图7－3所示；

图7－3　开关井安全操作示意图

（2）采气树闸阀不准半开或半关，严禁用采气树闸阀控制流量；

（3）各级控制压力不准超过工作压力，同时注意防止节流阀处形成水合物堵塞；

（4）开关站场各级阀门顺序为先开低压，再开高压，依次进行，防止憋压，同时安全阀必须处于正常工作状态；

（5）待井口压力稳定后，分别将井口控制柜、人机界面上井口高高、低低报警信号超驰状态恢复到正常状态；

（6）当集气站长期处于关井状态时应将井口高高、低低报警和出站压力高高、低低报警信号打到超驰状态；

（7）确认各动静密封点无渗漏现象，各项生产参数正常；

（8）生产过程中，必须有上级部门调度指令并制定操作方案，才能改变井下安全阀及井口装置1、2、3号闸阀开关状态；

（9）检维修时，必须编制相关作业方案，并制定有效的防护措施，经相关部门审批后方可作业。如果需要关闭井下安全阀和1、2、3号闸阀必须上报上级部门，同意后方可执行；

（10）井下安全阀全开时的液控管线压力应不低于设定的压力范围。

7.2.4　生产井日常的井控管理

7.2.4.1　安全要求

（1）由区部和集气站相关负责人建立井口装置设备台账并对各装置的运行情况进行记录、分析。

（2）区部和集气站相关负责人建立健全本站井口装置维护保养管理制度。

（3）集气站定期组织人员进行维护保养，上级部门负责人定期对设备维护保养情况进行检查并考核。

（4）在维护保养设备前必须进行安全条件确认，并配备相关人员进行监护。维护人员必须在监护人员就位后方可进行设备的维护保养。

（5）如果涉硫则全过程必须佩戴正压式空气呼吸器和便携式硫化氢检测仪，如不涉硫但离硫化氢危险源较近也必须做好硫化氢泄漏的相应应急准备。

7.2.4.2 日常巡检制度

（1）地面集输 SCADA 系统 24h 录取井口压力数据，岗位员工每 4h 巡查井控装置和录取资料，检查、分析对比人机界面仪表数据与就地仪表数据相符性，井口装置工况，发现异常情况及时确认处理并汇报，不能处理时立即向主管部门和上级领导汇报。

（2）每次巡检都需要对各阀门状态进行确认，每天至少进行一次验漏，保证无渗漏。在巡检、验漏时，必须佩戴便携式硫化氢检测仪及正压式空气呼吸器，两人同行，间隔至少 5m 且能看清对方，确保一人作业、一人监护。

（3）保证各阀门色彩鲜明，无锈蚀、脱漆现象，标识清楚。对外露阀杆的部分加保护套。

（4）巡检时必须认真查看各阀门状况，发现阀门丢失、损失、失灵以及渗漏等情况，在巡检记录本上应认真记录，及时向区调度室汇报。

（5）在巡检过程中发现阀门出现异常，设备工作不正常，密封点出现跑、冒、滴、漏现象，由岗位人员进行及时有效处理，并将异常情况及处理情况记录清楚。

（6）发现酸性气体泄漏，若泄漏可控，现场立即采取紧急控制措施，并上报区调度室，区应急小组人员立即赶往现场解决，若泄漏不可控，需报厂调度室及主管领导。

（7）每月对各站场的日常巡检记录和资料台账进行检查，检查情况将纳入月度绩效考核。

7.3 特殊生产井的井控管理

为了加强井控管理，确保生产安全，在维持正常管理的同时，对安全隐患较大的特殊生产井提高了井控预防等级，制定了“一井一案”防范措施，指定责任心强技术过硬的技术干部与操作人员严密关注生产情况特殊井。把套管环空压力异常井、井下落鱼井、井下无安全阀井、套管变形的气井归为特殊生产井。

7.3.1 套管环空压力异常井

普光气田正式开井生产以来，部分生产井出现套压异常升高或降为零、某一层套管会含有硫化氢气体等异常现象，我们把这类井归结为套管环空压力异常井。

环空带压产生的主要原因是：油管柱、套管串的渗漏，较差的固井质量和后续作业对水泥环的伤害，造成气层的气体渗流到环空中，其压力被传导到了井口，从而在井口环空中产生一定的压力。

油气开采过程中井筒温度会升高，但升高的幅度受油气产量的影响较大。对于高压高产气井来说，井筒温度升高幅度较大。所有的气井在最初进行开采时都会发生温度效应引起的环空带压现象。长期关井后的突然恢复正常生产，或者开采过程中的突然关井．会引起井筒温度发生较大的波动，从而导致环空带压值发生比较明显的变化。同时，关井前后的压力差引起环空管柱的鼓胀效应也会导致环空带压。

在所有环空带压井中，由于油管柱、套管串的渗漏而导致的环空带压危害最大，原因是油管中的气体来自生产层的压力相对较高，并且生产层比其他高压或低压地层有更持续的流动能力，一旦失控会造成严重的生命和财产损失，给社会造成极大的影响。

气田生产随时间的增加，地层压力不断地变化，为了更有效地保护各级套管和生产管柱，控制套压既不高于井下工具实际工作压差的最小值，又不高于套管抗内压强度、油管强度、套管头额定压力中最小值的 80%。将各级套管、油管之间的压差控制在合理范围内，且最大套压值不大于最大允许值，若套管压力异常升高到规定值时，集气站逐级汇报到技术管理部门，由技术管理办公室编制泄压施工方案，施工方案按程序审批后，保证安全措施的基础上组织泄放，作好流体排出前后的生产参数变化的详细记录，逐步寻找控压措施。制定《套压不大于最大允许值生产监测方案》，见表 7－3。表 7－4 是污水回注井及周边区块部分生产井根据井下实际情况制定详细的生产管理制度和安全应急预案。

表 7－3　普光气田主体气井理论计算最大套压允许值

序号	井号	环空液体密度/（g/cm^3）	封隔器垂深/m	封隔器处环空压力/MPa	油套压力/MPa	技套压力/MPa	表套压力/MPa
1	D401－1	1.58	4576	73.8	21.1	15.8	15.9
2	D402－1H	1.20	4988	61.1	34.5	14.1	20.3
3	D402－2H	1.21	5014	61.6	33.0	13.9	9.9
4	D402－3	1.18	4888	58.9	38.2	13.0	9.4
5	D403－1H	1.18	4874	58.7	40.5	15.2	9.9
6	D404－1H	1.18	4734	57.0	41.2	16.6	19.7
7	D404－2H	1.18	4903	59.0	38.9	15.0	9.9
8	D405－1H	1.21	4742	58.4	38.0	16.2	9.9
9	D405－2H	1.18	4538	54.6	35.0	17.5	9.9
10	M502－1	1.26	3777	48.6	37.0	18.8	11.9
11	M503－1	1.30	3663	48.6	35.9	26.4	9.4
12	M503－2H	1.21	3647	45.0	35.0	17.5	15.0
13	D405－3	1.34	1705	23.3	30.8	18.0	8.5
14	P101－2H	1.28	5410	70.6	13.6	10.0	9.9
15	P101－3	1.27	5316	69.0	14.1	10.9	9.9
16	P102－1	1.27	5420	70.4	15.8	9.9	9.9
17	P102－2	1.27	5410	70.1	19.7	10.0	9.4
18	P102－3	1.27	5373	69.6	20.9	10.3	9.4
19	P103－1	1.27	5542	71.9	26.3	8.7	9.4
20	P103－2	1.27	4551	58.7	29.8	17.5	9.4
21	P103－4	1.25	3670	46.8	23.9	17.5	9.4
22	P104－1	1.22	5489	68.5	27.2	9.2	9.4
23	P104－2	1.27	4604	59.8	23.4	11.9	9.4

续表

序号	井号	环空液体密度/（g/cm³）	封隔器垂深/m	封隔器处环空压力/MPa	油套压力/MPa	技套压力/MPa	表套压力/MPa
24	P104－3	1.27	5514	71.6	24.0	9.0	9.9
25	P105－1H	1.24	5725	72.1	24.2	6.9	9.4
26	P105－2	1.27	5695	73.9	21.5	7.2	3.5
27	P106－2H	1.27	5445	70.7	28.2	9.6	9.9
28	P107－1H	1.25	5630	71.5	19.2	7.8	9.9
29	P201－1	1.28	4705	61.2	21.0	16.9	9.4
30	P201－2	1.27	3803	49.4	35.0	17.5	9.4
31	P201－4	1.27	4787	61.9	27.2	16.1	9.9
32	P2011－3	1.27	4877	63.2	18.1	15.2	9.9
33	P2011－5	1.27	4813	62.3	26.9	15.8	9.9
34	P202－1	1.27	5007	64.9	25.3	13.9	9.4
35	P202－2H	1.27	5062	65.8	25.0	13.4	9.9
36	P203－1	1.24	4658	58.9	21.7	17.4	9.9
37	P204－2H	1.20	4737	58.0	32.1	16.6	9.4
38	P301－2	1.27	4912	63.7	22.5	14.9	9.9
39	P301－3	1.27	4904	63.5	26.2	14.8	9.4
40	P301－4	1.27	4886	63.4	24.0	15.1	9.4
41	P3011－1	1.27	4897	63.6	25.1	15.0	9.9
42	P3011－5	1.27	4958	64.3	22.7	14.4	9.9
43	P302－1	1.27	5175	67.1	19.3	12.3	9.4
44	P302－2	1.28	4890	63.6	24.0	15.1	9.4
45	P302－3	1.27	5031	65.2	22.7	13.7	9.4
46	P303－1	1.27	4961	64.5	23.2	14.4	9.4
47	P303－2	1.27	4862	63.0	24.9	15.4	9.4
48	P303－3	1.27	4761	61.7	27.0	16.3	9.9
49	P304－1	1.27	5220	67.7	20.5	11.8	9.9
50	P305－2	1.27	5356	69.4	13.1	10.5	9.4

表 7－4　污水回注井及周边区块部分生产井最大套压允许值

序号	井号	环空液体密度/（g/cm³）	封隔器垂深/m	封隔器处环空压力/MPa	油套压力/MPa	技套压力/MPa	表套压力/MPa
1	普光 11	1.13	3762	41.7	35.0	17.0	9.0
2	毛开 1	1.20	2229	26.2	44.0	27.0	9.0
3	回注 1	1.00	2356	23.1	35.0	17.0	12.0
4	双庙 1	1.00	3779	37.0	35.0	17.0	9.0
5	新清溪 1	1.50	3811	58.7	31.0	24.0	14.0

其中套管含硫化氢气井是指油套、技套或是表套含有硫化氢气体的气井。

酸性环境用了镍基合金管柱也不是万能的。如果开关阀门过快将造成动载，损伤管柱或管线，套管径向变形损伤水泥环或诱发微环隙。所以部分气井油层套管、技术套管或表层套管中含有一定量的硫化氢气体，套管压力不稳，应加强观察，控制套压在安全范围生产。

某油田现场曾有一种现象是固完井后测井固井质量合格或好，经井下作业后再测，固井质量就变差了，造成水泥环失效。水泥环失效产生微环隙加剧套管腐蚀，可能使套管产生硫化氢气体。

高温高压和高产气井中的二氧化碳和硫化氢腐蚀水泥环，造成套管腐蚀穿孔或层间窜流，某一井的含硫天然气窜到另一口井套管外环空，直至窜到地面，这是丛式井最大的风险，目前还不能杜绝此种风险。比如：

（1）深井注水泥漏失或小间隙环空固井质量很难满足要求；

（2）高温高压深井使井的功能性变差；

（3）高温高压下硫化氢、二氧化碳加剧水泥环腐蚀。

压力变化或井下作业损伤水泥环，导致产生微环隙。在高压下套管径向变形，井下作业碰撞套管、胀管等可破坏水泥环。套管试压，无油管封隔器的压裂，为了降低油管应力而对环空施加背压，这些都可能对水泥环造成永久性损伤。采用气密封套管，试压可能损伤水泥环，导致环空气窜。

为确保气井正常平稳生产，应采取以下措施。

管理方面：

（1）每4h到现场录取油层套管、技术套管、表层套管压力，每天至少验漏一次，观察井口有无异常情况，如，是否有气体或液体溢出，井口装置是否完好无渗漏等。密切关注油层套管、技术套管、表层套管压力变化情况，出现异常及时汇报。

（2）有关部门及时组织人员对套压异常升高井进行泄压保护。

（3）保持平稳生产，不列入产量调节或批处理措施等工作的调峰井。

技术方面：

（1）每月至少一次对套管气样组分或液样进行取样。

（2）每年加注一次环空保护液（暂行），详细记录前后的压力、温度、加注量等生产参数的变化。

（3）压力异常升高生产井每月至少一次对套管气样组分或液样进行取样。

（4）每月对套压异常井生产情况进行井控分析，制定下步井控管理措施。

装置设备方面：

（1）安装技术套管、表层套管压力远传设备做到实时监测压力的变化。

（2）安装多功能控制流程，为控制套压和其他作业提供有力保障。

7.3.2 井下落鱼井

钻井过程中事故是不可避免的。落鱼是常见的事故之一。所谓落鱼是指那些因钻井事故、井下作业、修井作业所造成掉入井筒中钻具、工具，在经清除或打捞过程仍然不能清理出井筒，阻碍正常钻进的井下落物。这些落物小到钻头牙齿，大到钻杆和钻铤，形形色色。

为确保气井正常平稳生产，应采取以下措施。

管理方面：

（1）保持稳定生产，不作为产量调节或批处理等工作的调峰井。

（2）制定《井下落鱼井生产异常监测方案》。

（3）根据井下实际情况制定详细的生产管理制度和安全应急预案。

（4）建立一体化的技术档案及信息收集、交接或传递管理体制。许多失效是操作者不知道系统或结构的技术数据，例如，井下作业损伤套管或使已损伤的套管演变成事故。对高产、高压和含硫气井，气体动力学损伤应列入管理规定，例如关断阀门过快将造成动载，损伤管柱或管线。制定油套环空管理规定，防止套管径向变形损伤水泥环或诱发微环隙。

技术方面：

（1）每月取一次油管液样进行液样全分析，同时进行总铁专项分析。

（2）每月开展一次气井井况专项分析，对井下情况进行判断。

（3）进行采气树及单井流程壁厚检测，对 SM－C110 生产套管进行模拟工况条件下腐蚀评价试验，为确定气井的安全生产寿命提供依据，以便了解采气树壁厚情况及变化趋势，及时采取相应的措施。建立单井专项档案，根据检测实际情况可适当加密检测（依据气井开井方案措施）。

装置设备方面：

（1）安装分酸分离器，避免铁屑损伤集输管道。

（2）在测试阀门上再安装一个阀门起双重保护作用。

7.3.3　井下无安全阀井

井下无安全阀井是指下完井管柱过程中，由于某些原因未能正常下入井下安全阀的气井。井下安全阀是井下流体的重要控制装置，当出现井口失控、火灾等情况时，能自动或人工控制关闭，实现井下关井，以控制事故的扩大或蔓延，是高含硫气井生产管柱的重要组成部分。井下无安全阀气井应采取以下措施。

管理方面：

（1）每 4h 到现场录取油压、油层套管、技术套管、表层套管压力，观察井口有无异常情况，如，是否有气体或液体溢出，井口装置是否完好无渗漏等，出现异常及时汇报。

（2）每天对采气树本体及动、静密封点进行日常检查和验漏，同时检查远传信号线头是否松动和老化。每半个月组织专业维保队伍对采气树、多功能控制管汇等进行维护保养，以确保采气树、多功能控制管汇阀门灵活好用，井口控制柜各项压力保持在正常状态。

（3）制定合理最大套压允许值。

（4）根据井下实际情况制定详细的生产管理制度和安全应急预案。

技术方面：

（1）每年进行一次采气树及单井流程壁厚检测，以便了解采气树壁厚情况及变化趋势，及时采取相应的措施。

（2）每季度取一次套管气样进行组分分析或液样进行常规分析。

（3）在井场配备紧急压井控制材料及装备，完善消防应急安全设备、设施。

7.3.4　套管变形气井

套变井是指钻井过程中或是受自然灾害（如地震）影响或完井作业造成套管发生变形或损坏的气井。

尽管套管出厂时已作裂纹缺陷检测，并符合要求，但是受自然灾害、井下作业可能损伤油套管。特别是在深井和酸性油气井中的生产套管内进行任何作业都要考虑可能的入井工具刮划、胀管、碰撞诱发裂纹和扩大初始裂纹；长时间关井、注入冷流体（酸化或压裂）或相态变化致冷对井口段油管和套管或管汇导致环境断裂韧性降低，它是结构的应力、材料的选择性、腐蚀介质和环境参数相互激励导致的一种材料突发性断裂或爆裂现象。氢脆是环境断裂的本质因素或主要机理。

套管和油管内压破裂相对于挤毁后果更为严重，它可能造成井眼失控或地下井喷，带来环境与安全问题。高温高压深井、高压气井及某些井下作业，硫化氢气井可能使油管或套管面临内压破裂问题。

严重套变井应采取以下措施。

管理方面：

（1）依据开发方案，确定合理的生产制度，预防气层过早出水出砂。

（2）每4h到现场录取油压、油层套管、技术套管、表层套管压力，观察井口有无异常情况，如，是否有气体或液体溢出，井口装置是否完好无渗漏等，出现异常及时汇报。

（3）保持平稳生产，不列入产量调节或批处理措施等工作的调峰井。

（4）根据井下实际情况制定详细的安全应急预案。

（5）建立一体化的技术档案及信息收集、交接或传递管理体制。许多失效是操作者不知道系统或结构的技术数据，例如，井下作业损伤套管或使已损伤的套管演变成事故。对高产、高压和含硫气井，气体动力学损伤应列入管理规定，例如关断阀门过快将造成动载，损伤管柱或管线。制定油套环空管理规定，防止套管径向变形损伤水泥环或诱发微环隙。

技术方面：

（1）每月对油管液样进行分析，分析是否出水出砂。

（2）每月开展一次气井井况专项分析，对井下情况进行判断。

（3）用于气井、酸性环境的任何钢级均应要求表面缺陷的最大允许深度小于壁厚的5.0%。

（4）进行采气树及单井流程壁厚检测，对SM－C110生产套管进行模拟工况条件下腐蚀评价试验，为确定气井的安全生产寿命提供依据，以便了解采气树壁厚情况及变化趋势，及时采取相应的措施。

装置设备方面：

（1）生产平台安装多功能控制流程，该流程具有泄压放喷、压井、加注环空保护液等功能。

（2）在井场配备紧急压井控制材料及装备，完善消防应急安全设备、设施。

7.4 高含硫化氢气井井控技术的应用

7.4.1 环空保护的井控技术

高含硫化氢气井易选用酸压生产一体化管柱，管柱上安装有封隔器将上下套管分开，保护封隔器上部套管。这样封隔器以上油套环形空间就形成一个圈闭，CO_2、H_2S、地层水、完井液的残余物、细菌等在油套管环空中储存形成了特殊的腐蚀介质，严重腐蚀油管和套管，另外完井作业压力变化或作业碰撞套管、胀管等也可能对水泥环造成永久性损伤产生微环隙导致环空气窜。由于种种因素造成套管含有硫化氢气体，套管压力不断升高，上部套管腐蚀严重。目前主要采用环空加注保护介质与环空液面监测手段解决套管腐蚀井控隐患。

通过环空液面监测，可及时了解环空内液面情况，判断环空液面位置，确定环空保护液合理的加注周期、压力及用量等参数，是一种有效的井控防御手段。

7.4.1.1　环空保护介质的加注

1. 环空保护介质的作用

根据普光气田的井身结构、完井方式、地层水、气体组分等相关资料，同时综合考虑成本因素，环空保护液加注和氮气置换对高含硫化氢性油气田环空腐蚀进行控制，能有效地控制生产管柱的腐蚀速率，确保气井安全生产。

常见的环空保护液以液碱为基质主要有两种，一是含缓蚀剂的水溶液，二是含缓蚀剂的柴油溶液。

另一种环空保护介质是氮气。由于氮气比硫化氢气体轻，可充满油套环空的上部空间，形成氮气段塞，形成背压，有效阻止含硫化氢气体上窜。同时，高压氮气能对上窜的硫化氢气体进行稀释，减缓上部套管腐蚀。在稳定生产的情况下，使气井长期处于安全可控状态。

环空保护液的主要作用：

（1）减轻套管头或者封隔器所承受的油气压力，同时起到了一定的密封性作用，防止封隔器刺漏；

（2）降低了油管和环空之间的压差；

（3）具有杀菌、防垢、除氧、中和酸性气体和缓蚀等良好的防腐性能，高温条件下具有长期的稳定性。

水基环空保护液是最常用的一种环空保护液，对油管、套管和橡胶试件的腐蚀速率很低，能够有效地保护环套管空间。需要定期开展 pH 值测试、液面监测，确认液体是否变质，环形空间是否充满。环空保护液的性能参数随着生产开发可作适当的调整，现阶段普光气田所使用的环空保护液性能参数见表 7－5。

表 7－5　环空保护液性能要求

名称	检测项目	性能指标
环空保护液	外观	均一液体
	pH	12 ~ 13
	密度/（g/cm^3）	1.10 ± 0.01
	凝点/℃	≤ －18
	基液悬浮固体含量/（mg/L）	≤10
	热稳定性/℃	>130
	碳钢挂片腐蚀速率/（mm/a）	<0.076

2. 保护液加注的井控安全

图 7－4 是环空保护液加注流程示意图。

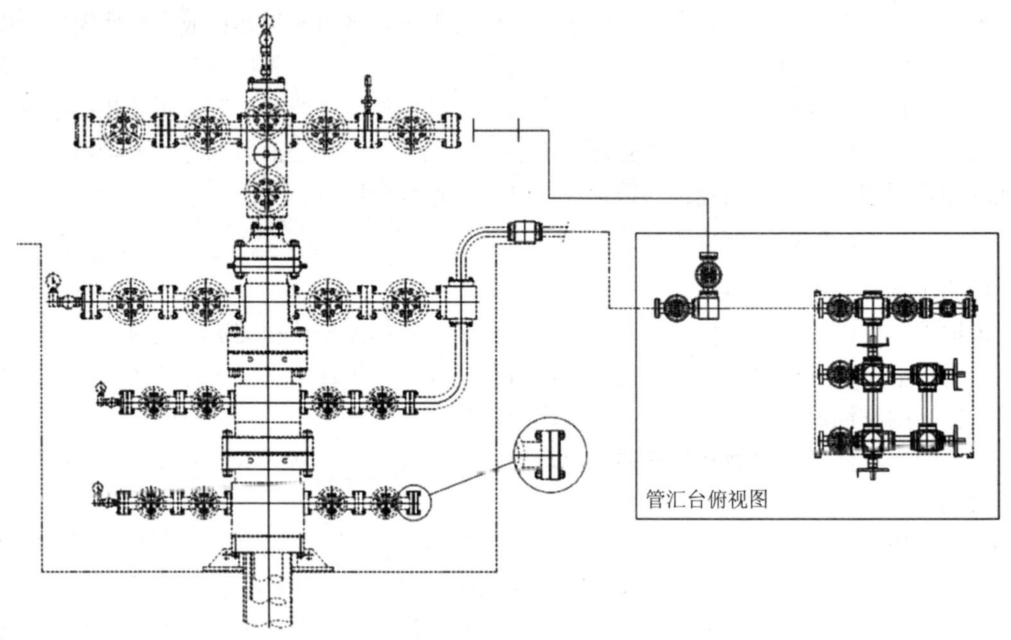

图 7－4　环空保护液加注流程示意图

（1）要做好气防、消防的安全措施，按程序审批保护液加注施工设计，并进行甲乙方技术、安全交底。

（2）保护液加注流程安装。

在采气树一侧装放喷管线，另一侧套管外侧阀门连接加注管线和泵车，作为加注环空保护液的施工流程。按设计安装、固定、试压到规定压力稳压 30min，压力下降不大于 0.5MPa 为合格。

（3）保护液加注工艺。

在加注环空保护液过程中，排量应不高于 0.1m^3/min，加注压力不高于 10MPa，即：在水泥车泵压达到 10MPa 时停泵，通过多功控制流程将套压泄至 0MPa；然后，再打压加注环空保护液，如此循环直至油套充满环空保护液。

3. 氮气加注的井控安全

在生产过程中，某些气井硫化氢气体窜入套管环空，造成套管腐蚀；为降低套管腐蚀速率，在套管环空内加注氮气置换出硫化氢气体，氮气占据油套环形空间大大降低了腐蚀的危害。由于氮气充满油套环空的上部空间，形成氮气段塞，形成背压，有效阻止含硫化氢气体上窜。同时，高压氮气能对上窜的硫化氢气体进行稀释，减缓了上部套管腐蚀。

（1）做好气防、消防的安全措施，按程序审批氮气加注施工设计，并进行甲乙方安全、技术交底。

（2）流程操作。

液氮泵车及液氮罐车摆放到位后，从多功能控制管汇连接液氮加注管线，对加注管线按设计安装、固定、试压到规定压力稳压 30min，压力下降不大于 0.5MPa 为合格。然后将管汇台倒为加注流程。

（3）加注工艺。

从多功能控制管汇台连接加注管线，进行加注氮气工作。在加注氮气前，对套管缓慢进行放压，如果压力无法放至0MPa，或是放至10MPa以下压力下降很慢，则将压力放至10MPa结束放喷。技套、表套压力可通过压力表考克将其压力放至为0MPa，开始注入，控制氮气排量不大于40Nm³/min，分级打压5MPa、10MPa、15MPa，每级静止观察10min，最后将压力打至设计压力，停泵。

7.4.1.2　环空液面的监测

1. 环空液面监测的意义

高含硫气井部分井存在管柱渗漏的情况，高含硫气体泄漏进套管环空，并在井口附近聚积，最终腐蚀油套管，造成气井生产的重大安全隐患；需要定期开展pH值测试、液面监测，确认液体是否变质，环形空间是否充满。环空液面监视如图7-5所示。

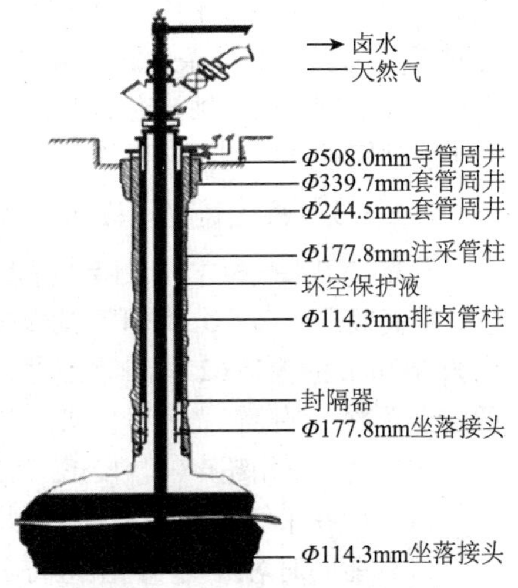

图7-5　环空液面监测示意图

通过环空液面监测，可及时准确了解环空内液面情况，较为准确地判断环空液面位置，确定合适的环空保护液用量。

环空保护液液面监测多采用声波反射原理进行测量，目前最先进的测量仪器的最大测量深度为5000m，还不能完全满足普光气井的要求。但所有测量仪器组必须满足高抗硫化氢、耐高压、测量精度高等基本要求。

2. 环空液面监测技术

液面监测仪是利用声波反射原理进行液面监测的设备。液面监测仪是通过发射枪产生一个声波脉冲，对井内气体形成压力脉冲。声波在气体中传播，有一部分会在油管、钻杆接箍、油管锚和套管穿孔等截面变化的地方反射回来。另一部分则在气液界面处反射回来，井口的接收器监测到反射信号，经过滤并放大，输出到记录纸上。利用温度、压力和气相成分等分析软件，计算出来液面位置，然后通过对环空保护液加注量的计算，将这两者的结果进行对比分析，来确定环空液面的具体位置。

7.4.2　气井流体性质监测技术

1. 气质监测

H_2S和CO_2溶解在水中形成酸性水溶液，对气井管串及输气管线具有较强的腐蚀作用。因此，应定期进行天然气气质全分析，同时监测H_2S和CO_2的含量。

2. 水质监测

通过对气井生产过程产出水进行化验分析，大部分气井产凝析水，部分井产地层水。对产水气井及一些富水区边缘的气井进行连续跟踪监测，定期进行水质全分析，监测各种阴阳离子的含量变化，重点加强对Cl^-和总矿化度的监测。对井下含有落鱼井还要进行Fe^{3+}监测。

3. 压力、温度监控

定期开展井况专项分析，对井下情况进行检查、判断，记录并分析井口压力、温度和井口装置工况，发现异常情况及时处理。

4. 气井PVT取样技术

气井PVT取样是指在高温高压下取其储层流体，通过室内分析得到表述储层流体物理和化学性质的参数。

而对气井进行 PVT 取样的目的就是模拟开采条件，开展高压物性实验，确定气藏流体的相态和性质及硫沉积规律，为气藏研究提供资料。

7.4.3 井控设备腐蚀检测技术

高含 H_2S 和 CO_2 的气体单独或共存于油气开发中，对井口装置、井下管柱及油气开发造成了巨大损失。对于单独 H_2S 和 CO_2 腐蚀的研究，国际学术界已取得突破性的研究成果；但对 H_2S 和 CO_2 共存条件下的腐蚀机理及相应防护技术的研究较分散，对二者共存时高温高压条件下钢材的腐蚀研究更少。因此开展高温高压高含 H_2S 和 CO_2 共存条件下井口装置、井下管柱腐蚀的监测是必要的。

7.4.3.1 采气树壁厚检测

普光气田采气树本体采用高强度合金制成，且所有过流面均敷焊 3mm 厚的镍基 625 合金，能高效地延缓 CO_2 和 H_2S 的腐蚀。但是随着普光气田的不断开发，对采气树（特别是内敷焊 3mm 的镍基 625 合金保护层）壁厚进行检测，监测采气树的腐蚀情况，确定采气树的安全系数，保障普光气田长期、安全、可靠的生产，显得十分必要。

普光气田采用超声波自校正三维多点检测系统对采气树壁厚进行检测，该系统具有：

（1）可在采气树不停气、不关井的情况下，精确地测量出采气树内壁的情况；

（2）能同时对采气树内壁进行多点检测；

（3）能准确判断出采气树内壁状况，为判断采气树的安全生产值提供充分依据；

（4）能对采气树内壁异常减薄部位进行精确的定位。

（5）能根据多组数据的采录，计算出内壁的减薄量，高仿真地模拟出采气树内壁图像，准确真实地反映合金敷焊层减薄情况等优势。

普光气田使用的采气树有整体式采气树和分体式采气树两种。对于整体式采气树，选取 3 个关键部位进行壁厚检测，如图 7－6 所示。

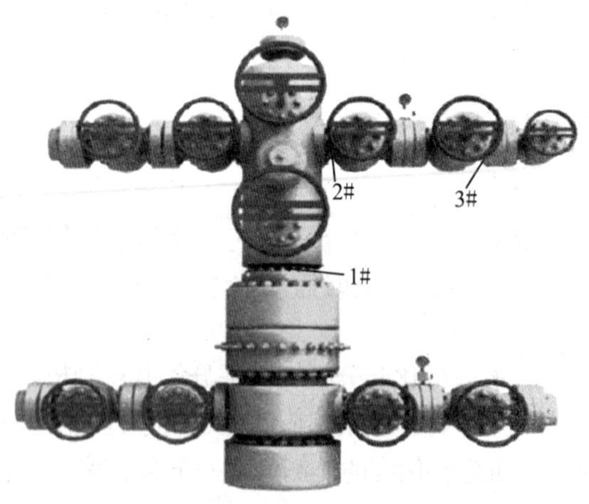

图 7－6 整体式采气树检测部位选取示意图

1#、2#、3#检测部位使用专用检测卡箍，选用探头组（HH 级采气树专用，精确测厚范围 1～50mm）进行检测。3 个检测部位检测 16 个点，每个点检测 3 次。

对于分体式采气树，每套采气树均选取 5 个关键部位进行壁厚检测，如图 7－7 所示。

1#、2#、3#、4#、5#检测部位均使用阀门专用检测卡箍，选用探头组（HH 级采气树专用，精确测厚范围 1～50mm）进行检测。受检测部位检测 16 个点，每个点检测 3 次；采气树壁厚检测是对采气树腐蚀速度较快的部位进行检测，重点监控采气树各检测点腐蚀速率，是否出现坑蚀、冲击异常腐蚀、敷焊层是否出现脱落（气泡）等异常腐蚀情况，以了解采气树内腔腐蚀状况。

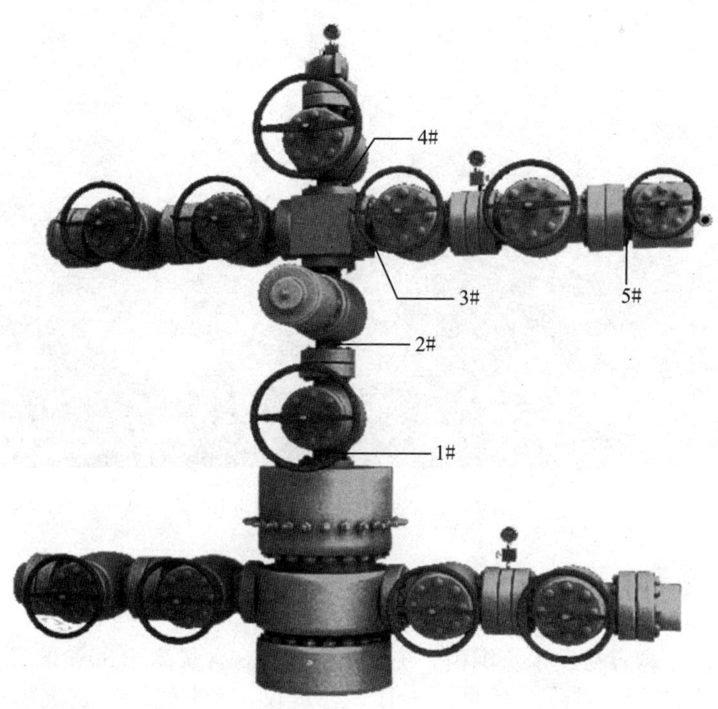

图 7－7　分体式检测部位选取示意图

7.4.3.2　井下管柱腐蚀监测

1. 生产套管腐蚀检测

电磁探伤测井仪可透过内层钢管探测外层钢管的壁厚和损坏（裂缝、错断、变形、腐蚀、漏失、射孔井段、内外管的厚度等），可在油管内检测油管和套管的厚度、腐蚀、变形破裂等问题，可准确指示井下管柱结构、工具位置和套管以外的铁磁性物质（如套管扶正器、表层套管等）。

2. 油管腐蚀检测

气井的油管腐蚀是通过观察油管表面有无坑蚀及点蚀等腐蚀现象。通过扫描电子显微镜观察油管表面有无形成致密的腐蚀产物层。通过能谱仪检测油管表面腐蚀沉积物，最终确定主要腐蚀产物。

7.4.4　硫沉积防治技术

1. 硫沉积原理

高含硫气田在开发过程中，随着气藏压力的下降，硫在含硫天然气内的溶解度也会随之下降。硫的溶解度是温度、压力的函数。当压力为 10～60MPa、温度为 100～160℃时，硫在气体中的溶解度只有0～5g/m^3。当硫的溶解度接近饱和状态时，压力、温度的进一步下降将致使元素硫及固体的高级多硫化物析出，沉积在井筒及设备表面，导致气井堵塞，严重影响气田的正常生产。如图7－8所示。

图7－8　笼套式节流阀硫沉积

2. 硫沉积形成分析

1）H_2S的含量

H_2S的含量越高越容易发生硫沉积。统计表明，H_2S含量高于30%的气井大多数都发生硫沉积。但这也不是唯一因数，有的气井H_2S含量仅4.8%就发生硫沉积堵塞，有的气井H_2S含量34%以上却未发生硫沉积堵塞。

2）气体在井内的流速

气体在井内的流速影响气流携带元素硫的效率，流速愈高，则元素硫愈能有效地悬浮于气流中被带出，从而减少了硫沉积的可能。研究表明，产生硫沉积的井产气量都在$28.2 \times 10^4 m^3/d$以下，产气量超过$42.3 \times 10^4 m^3/d$的井均未发生硫沉积堵塞。

3）普光气田主体流体PVT物性研究结果

根据硫沉积统计数学模型，影响硫沉积的主要参数有井底温度、井底压力、井口压力、戊烷以上含量。为了更好地预测普光气田主体硫沉积条件和分布，收集生产情况下井底温度、井底压力、井口压力、戊烷以上含量以及岩心中是否存在单质硫结晶体等参数非常重要，为此在将来开发过程中需要对以上参数进行详细录取，为预测普光气田主体硫沉积条件和分布积累足够基础数据。

研究结果表明，普光气田高产条件下井筒中产生硫沉积的可能性较小，气田开发到中后期，随着气井产量和压力的降低，井筒中有产生硫沉积的可能。

3. 硫沉积防治工艺

目前解决硫沉积的方法主要有三种：发生化学反应、加热熔化、用溶剂溶解，加热熔化不适合普光气田井下除硫。

物理溶剂庚烷、甲苯的溶硫量小，不适合普光气田防硫沉积的需要，二硫化碳的溶硫量较大，但它的气味大、剧毒、易燃，不适合普光气田主体防硫沉积的需要。

除硫沉积工艺：气田开发初期，压力波动大，井筒中可能会产生硫沉积，当井筒发生硫沉积时，根据硫沉积严重程度，将溶硫剂沿生产管柱泵下，再泵入 1 倍的凝析油，并以氮气挤压溶硫剂，浸泡 6 ~ 12h 后可恢复生产。

7.4.5　水合物防治技术

水合物是在一定压力和温度下，天然气中的某些组分和液态水生成的一种不稳定的、具有非化合物性质的晶体（图 7 - 9）。由于水合物生成条件不同，其分子式也不同。但戊烷以上的烃类一般不易生成水合物。甲烷水合物，密度为 0.992g/cm^3，比水轻；乙烷水合物的密度比水重，平均比重在 0.96 ~ 0.98 之间。

图 7 - 9　水合物外观

1. 水合物形成条件

①液态水的存在。

②低温。

③高压、H_2S、CO_2 的存在，能加快水合物的生成。

每一种密度的天然气，在每一个压力下都有一个对应的水合物生成温度。对同一密度的天然气，压力升高，生成水合物的温度升高；压力相同时，天然气密度越大，生成水合物的温度也就越高；温度相同时，天然气相对密度越大，生成水合物的压力就越低。

2. 水合物形成预测

根据普光某单井基础数据，利用 PIPESIM 软件计算其采用外径 88.9mm 油管时不同产气量条件下的井筒内温度分布，并预测与各点对应的水合物形成温度，如图 7 - 10 所示。

从图中可以看出，产量在（40 ~ 100） ×10^{4}m^3/d 范围内，井筒中各点的流体温度均高于相应的水合物形成温度，因此在方案配产的情况下，气井井筒内形成水合物的机会较小；当地层压力 30MPa，产量（10 ~ 20） ×10^{4}m^3/d 时，井口温度低于水合物生成温度，说明当气田开发到中后期，井筒中有可能生成水合物。

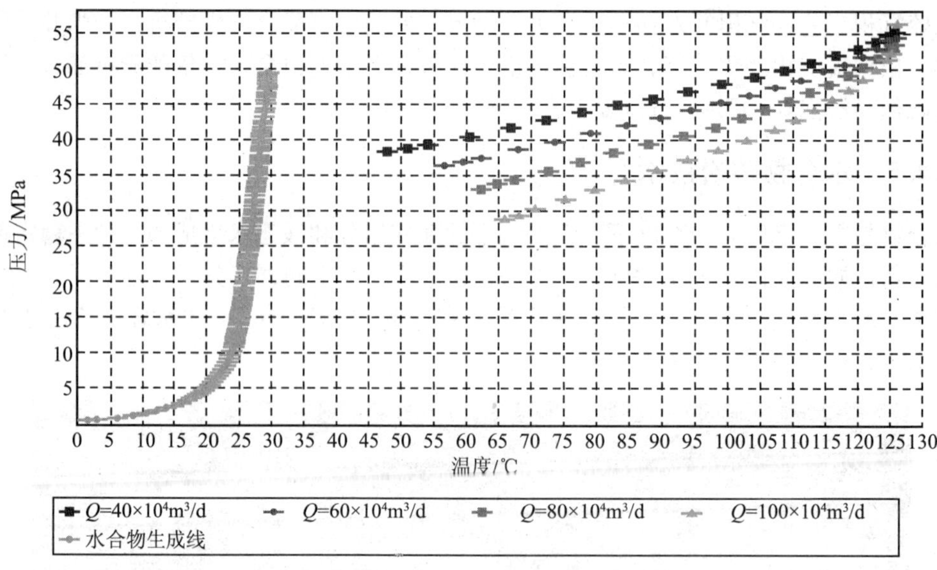

图7-10 普光某井不同产量下井筒中温度分布与水合物生成温度曲线

3. 水合物防治措施

水合物防治措施主要有提高温度、使用井下节流工艺、加注抑制剂、干燥气体等。高含H_2S气藏作业危险性很大，采用加注抑制剂法。普光气田主体开发初期，产量较高的情况下井筒中的流体温度高于对应的水合物形成温度，井筒中不会产生水合物。

气田开发中后期，若井筒中产生水合物堵塞，通过和溶流剂复配，选择协同作用好的抑制剂，与溶硫剂一起通过毛细管连续投加，预防井筒中水合物堵塞；井筒中产生水合物堵塞时，关井用泵车通过油管向井中加注抑制剂清除水合物。应加强水合物防治技术的研究应对冰堵带来的井控风险。

7.5 作业井现场的井控管理

修井作业中，井控是丛式井安全的薄弱环节。相当多的井喷及失控发生在投产和修井作业期间，主要原因之一是现行钻井完井、修井的井口安全控制装置与采气树装置不兼容，拆换装井口以及人员的管理有“空档”可能会导致严重井喷或井喷失控的危险局面。

7.5.1 设计单位及人员符合资质

（1）在进行高含硫化氢气井作业时，必须具备三个作业设计（地质设计、工程设计、施工设计），井控内容是三个设计的重要组成部分，三个作业设计均有作业井控要求、措施和H_2S防护内容，要在确保施工安全的前提下，充分考虑了保护油气层。长停井作业井控措施还充分考虑了区域地质特点、井筒现状以及井口周边地面环境。

（2）从事“三高”井工程设计的单位要持有乙级以上设计资质。

（3）从事“三高”井工程设计人员拥有相关专业3年以上现场工作经验和高级工程师以上任职资格。

（4）三个设计的编写、审核、审批程序以及变更设计按照油田有关规定执行，未经审批不准施工。“三高”井由油田分管领导审批，在组织工程设计、地质设计和施工设计审查时，安全管理部门人员要参与审查井控相关内容。

7.5.2　对入站人员的管理

（1）对进站人员做好入站安全教育和来访人员登记工作。

（2）施工各方服从安全管理规定，双方签订 HSE 协议。

（3）施工人员持证上岗，施工现场由专人统一指挥。

（4）作业人员按照中原油田普光分公司要求穿戴个人劳保和防护用品。

（5）施工现场配备每人一套正压呼吸器，并备用一套。专人负责检查硫化氢检测仪和维护空呼设备。

（6）为现场施工人员提供空气充气泵，确保空气呼吸器的使用。

（7）施工期间做好周围居民的安全告知工作，施工前召开站村联动会议。

（8）对施工过程中需要借用的工具等物品作好记录，及时收回。

（9）注意周边环境的监测，发现异常及时上报。

（10）生活垃圾由施工单位统一集中回收，防止污染。

7.5.3　对施工现场的管理

（1）施工前，将开关井状况、现场流程及生产情况告知乙方工作人员。

（2）井口、控压房、转样台等关键安全点需专人值守。由专人监控井口压力设施出现井口压力异常或监测器处于报警状态。

（3）所有井口操作必须佩戴好呼吸器和硫化氢监测仪。

（4）对于高硫化氢井况压力设备的操作需要有专门的风险评估及隐患分析报告。

（5）施工人员进入方井池前进行危害识别、按要求办理受限空间作业票。

（6）涉及用电、动土等作业时，安装现场管理要求办理相关票据。

（7）施工过程中，严密监测周边环境变化情况，根据情况派强风车进行安全监护。发现异常妥善处理并及时报告。

（8）对现场施工情况进行监护，及时与作业人员进行沟通，作好每日工作进度记录。

（9）配合乙方井控应急演练，协助作业人员识别逃生路线，风向标及紧急集合点。

（10）参加施工方的安全会，需要清楚方案中各项风险及应对措施。

（11）集气站出现突发紧急情况及站场紧急放空、清管作业、关断等情况时及时通知乙方工作人员。

7.6　井控台账的分级管理

每季度井控检查、井控召开例会制度与井控资料台账的建立是井控分级有效管理的重要手段。

井控资料台账应分级建立，包括站场、区级、厂级及以上。井控资料台账依据相关标准、规范建立，包括国家级标准规范、行业级标准规范、企业内部规章制度，企业级必须符合行业级，行业级必须符合国家级。井控资料台账的建立视企业情况而定，即首先依据企业内部规章制度制定，但必须符合国家级标准规范和行业级标准规范。

一般地，井控资料台账包含井控标准规范、井控管理制度、井控检查制度、企业井控相关规定和文件、各级应急预案、气井交接资料、气井相关基础资料、井控装置设备资料、井控装置设备巡检和维护保养资料等。企业各级部门可根据实际需要建立井控资料台账，依据“谁主管、谁负责”制度，从上到下应包含全面并有系统性。

思考题

1. 采气相关人员应采取哪些证件培训？

2. 控制柜应距井口不小于____m，并在周围保持____m 以上的人行通道，放喷池、火炬或燃烧筒出口距离井口应大于____m。

3. 多功能控制管汇的出口为下风向，并用水泥基墩固定。且距离井口大于____m，与周围设施的距离应大于____m。

4. 开关井前需要准备哪些工具和防护用具？

5. 操作时，要正确佩戴便携式硫化氢检测仪及正压式空气呼吸器，两人同行，前后间隔至少____m 且能看清对方，确保一人操作、一人监护。

6. 特殊生产井都分为哪些类别？

7. 对套管环空含硫化氢气井多长时间进行一次套管取样化验？

8. 引起套管环形空间带压的主要原因有哪些？

9. 高含硫化氢气田应用了哪些井控技术？

10. 目前普光气田气井环空常用的环空保护介质有哪些？

11. 在加注环空保护液过程中，排量应不高于____，加注压力不高于____。

12. 简述环空液面监测技术的原理。

13. 水合物的生成条件是什么？

14. 防治硫沉积有哪些方法？

第8章 回注井的井控管理

8.1 注入井井控的概念

8.1.1 注入井

注入井是指注水、注聚合物、注蒸气、注二氧化碳、注氮、注天然气等的生产井。

8.1.2 回注井

普光气田是把采气过程中气液分离出来的地层水通过净化又重新注回地层，因此称为污水回注井，简称回注井。

8.2 注入井井控管理

8.2.1 回注井的井控要求

(1) 回注是通过回注井将污水注回地层，从而补充地层能量保持地层压力，减少环境污染的一种环保措施。污水回注井现场如图 8 - 1 所示。

图 8 - 1　污水回注井现场

（2）回注工艺应严格按设计施工，发现异常情况立即报告，并随时做好应急准备。回注系统启动前必须对井控装置及回注系统进行安全评估。

（3）井口压力控制：井下和地面井控装置的选择必须达到工程设计要求的压力等级，同时考虑流体性质。井口回注压力不得超过井口额定工作压力。

（4）井控装置应定期进行腐蚀状况、配件完整性及灵活性、密封性等方面的专项检查和维修保养，并定期进行检测作好记录。注入井至少3个月检查1次。

（5）回注井放压要制定安全措施。回注井放压时，先停回注并关井，再采取正吐方式，按设计录取放压方式、放压时间等资料。

（6）定期分析回注工况，完善资料台账。

8.2.2 注二氧化碳井的井控要求

注二氧化碳井的注入工艺应严格按设计施工，发现异常情况立即报告，并随时做好应急准备。井口及附件应采取相应防护、监测措施，腐蚀速率控制在0.076mm/a以内。

8.2.3 注天然气井的井控要求

注天然气井的注入工艺应严格按设计施工，发现异常情况立即报告，并随时做好应急准备。注入系统启动前必须对井控装置及注入系统进行安全评估，评估通过后方可注气。且注入压力不得超过井口额定工作压力。

8.2.4 其他注入井的井控要求

其他注入井井口装置必须达到工程设计要求的压力等级，井口附件齐全。

8.2.5 注入井废弃时的井控要求

注入井废弃时井口套管接头应露出地面，并用厚度不低于5mm的圆形钢板焊牢，钢板面上应用焊痕标注井号和封堵日期。

回注井废弃时应安装简易井口，装压力表，盖井口房，定期巡检。

思　考　题

1. 什么叫回注井？

第9章

长停井报废井的井控管理

9.1 长停井的处置

9.1.1 长停井及分类

长停井是指生产或修井作业已经结束，但还没有采取永久性弃井作业的井。长停井又分为关停井和暂闭井。关停井是从停产或修井作业后3个月算起；暂闭井是从完井井段被隔离之日算起。长停井有油井长停井与气井长停井之分。

9.1.2 长停井的井控要求

（1）长停井应安装完整的井口装置及采气树，其性能参数应满足控制流体在油管、套管和环空中出现的异常高压。

（2）每月应作一次井口油、套压、环空压力变化情况记录，并检查井口设施是否完善，配件是否齐全。按生产井一样进行井口装置的维护。

（3）建议长停井修建井口房，保护井口，防止设施、配件被盗。

（4）所有长停井处理应有实施设计方案。

9.1.3 气井长停井定义

暂闭井是从完井井段被隔离之日算起，气井长停井称为暂闭井。

9.1.4 气井长停井的处置要求

（1）气井长停井必须按暂闭井管理，暂闭井是从完井井段被隔离之日算起。

（2）含有毒、有害物质气井不能作暂停井处理，应按照暂时性弃井或永久性弃井处理。

（3）下列气井必须隔离完井井段，按暂闭井管理。

①勘探井不具备生产能力，今后有可能重新打开作为开发井。

②气井含有高浓度 H_2S、CO_2 等有毒有害气体，目前不具备开采条件。

③在现有物质和技术条件下无法进行封井的气井。

④因为井下事故或井内流体高温高压，危及井下和井口安全的气井。

（4）暂闭处理处置要求：暂闭处理时先压井，在气层以上50m打一个长度为50～100m的水泥塞。井口安装井口帽，并用水泥封盖且加注标记。井控装置应定期进行腐蚀状况、配件完整性及灵活性、密封性等方面的专项检查和维修保养（至少1个月检查1次），并作好记录。

普光气田所有的完井井段没有隔离的又没有正常生产的待废弃井应纳入正常生产井的井控严格监管。

9.2 报废井

9.2.1 报废井定义及处置要求

定义：未钻遇油气层或钻井质量不合格而无法开发的油气井以及由于各种原因无法用于油（气）田开发的井统称为报废井，即废弃井是指进行永久性弃置处理的井。报废井主要分为地质报废井和工程报废井。

9.2.1.1 地质报废井的条件

凡符合下列条件之一的，可作为地质报废井申报：

（1）完钻后未遇油气层或钻遇情况差，不具有投产价值的探井；

（2）钻井显示产能较高但在现有技术下不具备投产条件的井；

（3）储集层物性差，试油（气）证实不产油（气）、低产低能或技术改造后仍未达到工业产量要求，无论采用何种方式开采，产量低于经济极限的井；

（4）达到开发方案设计的废弃压力，无法利用的井；

（5）失去检查、观察意义，且无其他利用价值的检查井。

9.2.1.2 工程报废井的条件

凡符合下列条件之一的，可作为工程报废井申报：

（1）在钻井、完井或作业过程中由于各类井下事故，造成现有工艺技术和经济条件下，无法恢复利用的井；

（2）经作业工序或测井手段证实存在严重套损（如生产过程中由于硫沉积产生氢脆、硫化物腐蚀应力开裂导致的严重套损），经多种措施仍不能消除隐患，无法利用的井；

（3）套损井修复费用超过钻更新井总费用，或修复投入大于修复后产出的井。

9.2.1.3 报废井的处置要求

（1）对有工业气流但不具备投产条件的报废井，试气结束后，先将井筒压稳，在气层以上 50m 打易钻桥塞（先期完井天然气井应在套管鞋以上 50m 打易钻桥塞），然后打 50 ~ 100m 灰塞。

（2）在不影响气田开发效果的情况下，对无工业开采价值的报废井，先将井筒压稳，从气层底部至顶部（射孔井段）全段注灰，灰面返至气顶以上 200 ~ 300m（先期完井的井应返至套管鞋以上 200 ~ 300m），在井口 200 ~ 300m 处打第二个灰塞（不少于 50m）进一步封井。

（3）存在严重事故隐患影响油气田开发生产的报废井，必须注灰将已射开层段全部堵死，并且保证封堵报废后层间流体不互相串通；对不能保证封堵后达到层间流体不串通要求的，必须对井筒进行先期处理，达到条件后方可通过工艺技术进行封堵报废；如果井筒处理达不到条件，则要采用先进可靠的封堵报废工艺。

（4）封堵施工作业时，应有施工作业设计，并严格审批程序（审批程序应明确）。作业前应进行压井，压稳后方可进行其他作业。

（5）其中含硫化氢的报废井，井口应有明显、清晰的警示标志。

(6) 油气井废弃时，井口套管接头应露出地面，并用厚度不低于 5mm 的圆形钢板焊牢，钢板面上应用焊痕标注井号和封堵日期。

(7) 报废井的井口和井筒不得破坏，井位、井号标志在各种平面图上的仍应存在，并加特殊标记（⊕）。

(8) 对于永久性弃井方式和处置做法，要符合国家或行业标准。已完成封堵的废弃井每年至少巡检 1 次，并记录巡井资料；“三高”油气井封堵废弃后应加密巡检。

(9)“三高”油气井应根据停产原因和停产时间，采取可靠的井控措施。含有毒、有害物质气井不能作暂停井处理，应按照暂时性弃井或永久性弃井处理。每半年进行一次检查，检查是否有泄漏等情况。每年应进行一次井口设施的维护保养。

(10) 高温高压、高含有毒有害气体井、重点及特殊井身结构井的弃置处理设计应上报股份公司主管部门审批；其余井的弃置处理上报油田主管部门审批。

(11) 对于永久性弃井方式和处置做法，应符合国家或行业标准。每半年进行一次检查，检查是否有泄漏等情况。每年应进行一次井口设施的维护保养。

对于深井和特殊井的废弃处理应增打水泥塞或进行特殊处理。

9.3　巡检要求

9.3.1　巡检时间

各基层单位每周对所管辖报废井巡查并验漏一遍，发现井口有气体泄漏现象的，应及时进行处理，确保井口装置处于完好状态，做到符合安全环保要求。

各基层单位对所管辖报废井每月活动一次井口装置阀门，阀门丝杆活动至底部，重复开关 3 次，对井口装置阀门阀盖轴承进行维护保养，对阀杆螺纹添加润滑剂。

厂井控管理领导小组每季度组织开展一次井控检查，对井下和地面井控装置进行定期检测。

9.3.2　巡检内容

巡检内容主要包括井口装置、井场区及附属安全设施。

①井口装置完整性，主要是指井口阀门、丝堵、盲板、四通等装置的完整、完好。

②井口装置的可用性，阀门丝杆活动至底部，重复开关 3 次；并对井口装置阀门阀盖轴承进行维护保养，对阀杆螺纹添加润滑剂。

③安全附件完好性，如压力表灵活好用且处在校验期内。

④井口防护设施、警示标识牌齐全，井口防护罩或井房处于完好状态，安全警示牌、井号标识牌、道路标识牌齐全、完好。

⑤井场区、方井池平整且无积水。

9.3.3　巡检标准

(1) 井口装置无跑、冒、滴、漏、脏、松、缺、锈，做到干净整洁；

(2) 安全附件齐全且在有效使用期内，可随时录取压力等；

（3）井口防护设施应牢固、完好，可以有效隔离外界且通风良好，方井池应做到干净整洁、无积水；

（4）安全警示标志齐全、字迹清晰。如“禁止非工作人员入内”、“禁止乱动阀门”、“严禁烟火”、“请勿靠近”、“有毒危险”、“严禁翻越”等安全标志应放在显著位置，起到警示作用。

9.3.4 资料记录

（1）巡检记录，包括井号、巡检日期、巡检人、巡检内容、存在问题及整改情况、备注等；

（2）验漏记录；

（3）有压力的气井应建立天然气气质分析台账，随时监控气质变化；

（4）安全隐患整改记录。

9.4 井控装置维护管理

9.4.1 状态标准

（1）简易井口装置1、2、3号闸阀保持关闭状态，巡检录取压力时打开，取完压后关闭；

（2）对已安装完整井口装置的井口装置1、2、3号闸阀应保持全开状态，其余各闸门处于关闭状态。巡检录取压力时打开取压阀门，压力录取完毕后将阀门关闭，并悬挂开关指示牌，同时关闭压力表考克；

（3）井口装置阀门应安装阀门开关状态标识牌。

9.4.2 维护保养

井口装置包含采气树、油管头、套管头等。各基层单位单井巡护人员每月应对井口装置阀门活动一次，阀门丝杆活动至底部，重复开关3次。每月对井口装置阀门阀盖轴承进行维护保养一次，对阀杆螺纹添加润滑剂。完成维护保养后，填写《井口装置维护保养记录本》。

9.4.3 资料台账

所有长停井、废弃井处理应有实施设计方案。

长停井、报废井资料存档管理由生产办公室和开发管理办公室负责，应有以下资料：

（1）气井交接书，作业交接书；

（2）测（试）井曲线图及成果报告；

（3）气井井史、井位图、井身结构、完井管柱图；

（4）记录井位、处理日期、应用工艺和封堵作业（方案设计、施工总结、管柱记录）等资料。

废弃井应建立档案。由各基层单位负责建立：

（1）巡检记录；

（2）验漏记录；

（3）天然气气质分析台账（有压力显示的气井）。

“三高”油气井应根据停产原因和停产时间，采取可靠的井控措施。

思　考　题

1. 报废井的处置要求是什么？
2. 报废井日常巡检要求是什么？
3. 报废井井控装置维护管理要求是什么？

法律法规篇

第10章

井控应急处置

10.1 危害分析、事故特征和预防措施

10.1.1 危害分析

（1）井喷失控会造成天然气、硫化氢气体大量外泄，危害岗位员工和周边居民的正常生产和生活，严重时威胁岗位员工和周边居民的生命安全；

（2）井喷失控会造成设备、设施损坏，财产损失巨大；

（3）井喷失控污染环境，给周边河流、林场等造成污染；

（4）井喷及处置会伤害油气层，破坏地下油气资源；

（5）井喷失控会造成不良的社会影响，严重影响企业形象。

10.1.2 事故特征

1. 压力大、气柱高

井喷压力最高可达50MPa左右，气柱可达20～80m。

2. 喷势猛烈

井喷时大多是气体、岩屑、泥沙同时喷出，可达几十米，随着井喷时间的延长，有时会出现井场塌陷。

3. 喷出毒害气体

含硫化氢的气井发生井喷后，毒害性气体随着天然气一同喷出，形成大面积的有毒区域，造成大量人员、牲畜死亡和严重的环境污染。

4. 应急救援难度大

普光地区地形复杂，周边居民人口多、分布广，交通不便利，造成了救援难度大。

10.1.3 预防措施

1. 设计方面

（1）钻井、试气、采气工程聘请国家甲级资质的单位进行设计；

（2）集输站场周边300m范围内严禁人员居住；

（3）在气体有可能泄漏的部位，设置气体泄漏探测器（包括可燃气体检测仪和有毒气体检测仪），当探测器显示浓度高高报警达到逻辑关断条件时快速联锁切断；

（4）采气树均设井口安全截断阀和井下安全截断阀，可在硫化氢泄漏情况下自动快速截断，保护气井和地面设施；

（5）井场设置了风向标和紧急逃生门；

（6）井站周围设置明显的安全警示标牌，并告之附近居民可能性危险、危害及安全注意事项；

（7）配备紧急广播疏散系统，可及时通知周边周民疏散；
（8）配备消防喷淋系统，可有效降低气体的浓度。
2. 制度方面
（1）建立健全岗位安全管理制度、岗位 HSE 职责和岗位安全操作规程，并严格执行；
（2）建立健全应急预案，把集气站周围可能受事故影响的人群（站场周边 1500m）纳入应急管理体系，编制详细应急救援方案，进行广泛的宣传，并定期演练。
3. 人员方面
（1）人员素质上，要求所有岗位人员取得岗位操作所必需资格证、掌握现场各消防设施配备情况、安装位置和操作方式、熟悉本单位应急预案、逃生路线和紧急集合点；
（2）个人防护上，配备足够的消、气防和应急物资，在所有可能接触有毒有害气体的岗位配备便携式检测仪、正压式空气呼吸器、消防器材、防爆手电、防爆对讲机等用品。
4. 管理方面
（1）定期对井口装置阀门及附件维护保养；
（2）严禁超压运行，违章作业；
（3）发生泄漏后应急救援中心人员要立即到现场监护，实施救援。

10.2 事件定义及分级

在中国石化中原油田普光分公司（以下简称分公司）天然气井钻井、试气作业和开采过程中，发生符合下列条件之一，且未得到有效控制的事件为：

10.2.1 Ⅰ（中国石化）级事件

（1）高压气井井喷失控并伴有火灾、爆炸和（或）硫化氢、二氧化碳等有毒有害气体逸散；
（2）油田经危害识别、风险评估后确定的Ⅰ级事件。

10.2.2 Ⅱ（油田）级事件

（1）高压气井井喷；
（2）分公司经危害识别、风险评估后确定的Ⅱ级事件。

10.2.3 Ⅲ（分公司）级事件

（1）高压气井井涌；
（2）天然气井井口控制装置失控气体泄漏；
（3）采气厂经危害识别、风险评估后确定的Ⅲ级事件。

10.2.4 Ⅳ（厂级）级事件

（1）高压气井溢流；
（2）天然气井井口部分控制装置失效气体泄漏；
（3）采气区经危害识别、风险评估后确定的Ⅳ级事件。

10.2.5 Ⅴ（区）级事件

（1）井口装置发生气体渗漏；
（2）采气区级经危害识别、风险评估后确定的Ⅴ级事件。

10.3 预测与预警

根据井喷事件的预测与预警，应急指挥中心对井喷事件开展风险评估，做到早发现、早报告、早处置。

10.3.1 预测

10.3.1.1 V（区）级事件

(1) 采气区调度室接到应急报告后，立即向值班经理报告并成立应急抢险小组。

(2) 区应急抢险小组根据事件的危害程度、紧急程度和发展势态，结合事发站场的实际情况，对事件级别做出如下判断：

——Ⅳ级事件；

——Ⅴ级（区）级事件。

10.3.1.2 Ⅳ（厂级）级事件

(1) 厂生产调度室接到应急报告后，立即向厂应急指挥中心报告并成立厂应急指挥办公室。

(2) 厂应急指挥办公室根据厂应急指挥中心指令，立即组织职能科室，根据事件的危害程度、紧急程度和发展势态，结合事发单位的实际情况，对事件级别做出如下判断：

——Ⅲ级事件；

——Ⅳ级（含Ⅳ级）以下事件。

10.3.1.3 Ⅲ（分公司）级事件

(1) 分公司生产调度室接到应急报告后，立即向分公司应急指挥中心报告并成立应急指挥办公室。

(2) 分公司应急指挥办公室根据应急指挥中心指令，立即组织职能处室，根据事件的危害程度、紧急程度和发展势态，结合事发单位的实际情况，对事件级别做出如下判断：

——Ⅱ级事件；

——Ⅲ级事件；

——Ⅳ级（含Ⅳ级）以下事件。

10.3.2 预警

应急指挥中心根据预测结果，应采取以下措施：

(1) 符合分公司应急事件应急预案启动条件时，请求分公司启动相应的应急预案；

(2) 符合厂级应急预案启动条件时，立即启动厂预案；

(3) 符合区级应急预案启动条件时，立即启动区预案，厂应急职能科室进入预警状态，并连续跟踪事态发展。

10.3.3 预警解除

应急行动终止后，由应急指挥中心宣布预警解除。

10.4 应急报告

10.4.1 报告程序（图 10－1）

采气厂发生井喷事件时，事发单位（区）在启动本单位应急预案的同时，迅速按照采气厂应急报告程序框规定的程序向采气厂应急指挥办公室报告，最多不超过 15min。

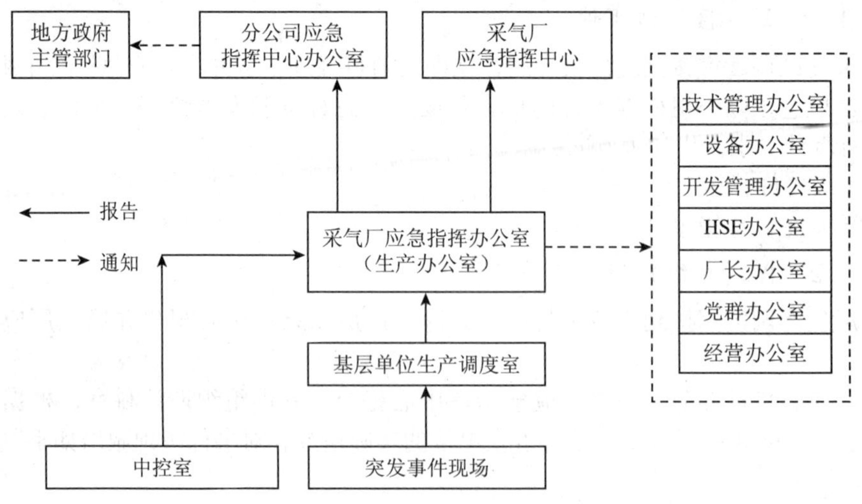

图 10－1　应急报告程序流程

10.4.2 报告内容

厂内发生Ⅰ、Ⅱ、Ⅲ、Ⅳ级井喷事件，立即向厂应急指挥办公室报告，报告应包括但不限于以下内容：

（1）集气站报告应包括但不限于以下内容。

——区域位置：集气站的站号、井位、井号；

——井口装置情况；

——喷出物类别、喷出高度、失控时间；

——岗位人员姓名及人数、有无人员中毒、伤亡；

——已采取的措施。

（2）在处理过程中，事发单位应尽快了解势态进展情况，并随时用电话、传真等方式，向应急指挥办公室报告，报告应包括但不限于以下内容。

——井口状况；

——已采取的处理措施，处理效果；

——周边居民分布情况、道路交通状况、现场气象状况、环境污染情况、周边设施等；

——井喷程度变化情况，如：喷出物类别、喷出量、喷出高度、地层压力、油套压等；

——若发生火灾、爆炸和（或）伴有硫化氢、二氧化碳等有毒有害气体逸散时，对设施和人员造成的损害损伤情况，浓度检测结果；

——人员中毒、伤亡情况；

——现场应急物资剩余和补给情况；

——其他救援要求。

10.5　应急准备

厂应急指挥办公室接到事发生单位报告后，应做好以下工作：

（1）立即向厂应急指挥中心领导报告；

（2）根据厂应急指挥中心指令，通知职能科室负责人，职能科室负责人向副科长和科员分别进行通知或安排通知。

厂应急指挥中心在接到厂应急指挥办公室报告后，应做好以下工作：

（1）迅速成立现场指挥部，指导基层单位进行应急处置；

（2）向分公司应急指挥中心报告现场情况；

（3）厂各职能科室按照各专项应急预案的职责要求做好应急准备工作。

10.6　应急处置

达到Ⅳ（厂级）级事件的启动条件时，厂应急指挥中心应立即下达启动应急预案。

10.6.1　应急上报

（1）当发生井控事件时，岗位人员应立即向采气区调度室报告，区调度室向值班领导和上级调度室报告。

（2）当发生Ⅲ级及以上事件时，厂应急指挥中心应立即向中原油田普光分公司应急指挥中心办公室报告。

（3）当发生Ⅳ级及以下事件时，厂属各职能部门按照应急指挥中心的指令，分别向对口的上级主管部门报告。

10.6.2　应急行动

10.6.2.1　区级应急行动

（1）集气站岗位人员在发生Ⅵ级事件时，立即对该井启动 ESD－3 关断，并使用防爆排风扇和消防喷淋系统进行稀释；

（2）集气站岗位人员在发生Ⅴ级及以上事件时，立即对该井启动 ESD－1 关断。

10.6.2.2　厂级应急行动

（1）生产办公室跟踪并详细了解事发单位的应急处置情况，及时向厂应急指挥中心汇报、请示并落实指令；组织调配厂内应急救援力量，配合应急救援中心做好事故区域事态监测工作，及时向厂应急指挥中心报告监测结果；

（2）技术管理办公室参与现场应急处置工作，配合有关部门制定现场应急处置方案；联系厂或厂外专家进行技术指导；

（3）设备管理办公室参与现场应急处置工作，协调现场应急处置所需物资；

（4）HSE 办公室参与现场应急处置工作，配合地方政府和应急救援中心做好事发区域内道路交通管制工作，维持治安秩序，防止无关人员进入现场；根据事件发展情况，配合地方政府和应急救援中心做好事发现场周边居民的疏散、撤离、安置工作；

（5）党群办公室做好现场抢险人员的生活保障工作；

（6）厂长办公室参与现场应急处置工作；根据指令组织调运所需应急装备、物资；

（7）经营办公室参与现场应急处置工作；负责向上级有关部门申报应急救援物资装备购置费用。

10.6.3 井喷事件应急抢险原则

坚持“以人为本”的指导思想，按“保护、撤离、疏散、处置”的原则进行抢险。

1. 井喷并伴有硫化氢、二氧化碳等有害气体时

（1）岗位人员要迅速佩戴并使用正压式空气呼吸器及便携式硫化氢检测仪，启动防空警报和站村联动、厂镇联动，抢救现场中毒人员，疏散周边人员，封闭进站公路，撤离到安全区域；

（2）配合应急救援中心监测硫化氢浓度，根据现场风向划分警戒区域，进行交通管制；

（3）配合应急救援中心封闭事故现场，抢救现场中毒人员。配合有关部门进行交通管制，禁止外人进入现场；

（4）条件允许时，配合有关部门进行节流放喷点火、抢修井口装置和压井作业等工作；

（5）现场人员生命受到威胁、井口失控、撤离现场无望时，现场应急指挥应立即发出点火指令。

2. 井喷引发火灾、爆炸时

（1）条件允许时，配合有关部门进行抢修井口装置和压井工作；

（2）配合有关部门在井场四周围堤，防止喷出物污染环境；

（3）依据灾情程度确定警戒范围，配合有关部门撤离无关人员。

10.7 应急终止

经应急处置后，现场应急指挥确认同时满足下列条件时，向应急指挥中心报告，厂应急指挥中心可下达应急终止指令：

——井控事故得到有效控制（无井喷、井涌、和泄漏）；

——当地政府主管部门应急处置已经终止；

——伤亡人员得到妥善救治；

——损失控制在最小；

——环境污染得到有效控制；

——社会影响减到最小。

10.8 井控应急处置实例

10.8.1 硫化氢浓度小于100ppm站场应急处置程序（表10－1）

1. 应急处置原则

硫化氢泄漏后会对人、牲畜及环境等造成危害。当发生硫化氢泄漏时，按“先保护，后确认；先处置，后汇报；先控制，后撤离”的原则进行处置：

先保护，后确认：在个人确保安全的前提下对事故直接原因进行确认。

先处置，后汇报：紧急情况下先进行技术处置，然后按程序汇报。

先控制，后撤离：站场人员撤离时首先将站场关断，然后撤离。

2. 工艺处置原则

迅速关断，切断气源。

能保压，不放空；能放空，不外泄。

就近截断，就近放空；避免小泄漏，大关断。目的是使含硫化氢天然气体总的泄漏量控制最小、对生产造成影响降低到最小。

表 10－1　硫化氢浓度小于 100ppm 应急处置程序

硫化氢浓度小于 100ppm 应急处置程序		
1	异常发现	站控室人机界面显示硫化氢浓度小于 100ppm
2	确认	迅速正确配戴正压式空气呼吸器和便携式硫化氢检测仪
		现场确认泄漏点位置（1 人监护）
3	应急报告	向区调度室报告泄漏发生的时间、位置、硫化氢浓度
		向厂生产技术办公室、区经理、值班领导报告泄漏发生的时间、位置、硫化氢浓度
4	预案启动	启动区级应急预案
5	应急指令	通知区各应急小组成员到调度室集合
		带领区各应急小组成员立即赶赴现场
		区应急小组到达现场
		（1）现场警戒组：阻止无关人员进入现场
		（2）工艺自控技术组：采取措施，对泄漏区域强制通风。查找泄漏原因，制定并落实工艺技术方案
		（3）信息联络组：掌握现场信息和各级指令的上传下达
6	应急处置	根据应急处置工艺措施对现场工艺流程进行应急处理
		（1）井口至生产汇管进口闸阀部位
		① 启动泄漏井 ESD－3 级关断
		② 关闭泄漏井进生产汇管气动双作用球阀
		③ 打开泄漏井井口 BDV 阀放空
		（2）计量汇管进口阀门至计量分离器出口阀门管线发生泄漏
		① 在人机界面上选择停止计量
		② 打开计量井进生产汇管气动双作用球阀
		③ 关闭计量井进计量汇管气动双作用球阀
		④ 关闭计量分离器出口闸阀
		⑤ 打开计量分离器安全阀旁通（或生产汇管安全阀旁通）放空
		（3）生产汇管进口闸阀至外输 ESDV 阀
		① 启动各井 ESD－3 级关断
		② 关闭阀组区外输出站 ESDV
		③ 打开生产汇管安全阀旁通流程放空
		（4）集气站阀组区域
		① 配合中控室进行全气田（支线）关断处理，密切监视泄漏情况
		② 做好阀组区放空流程放空准备工作
		对泄漏部位，使用防爆排风扇吹散泄漏气体。如果泄漏量较大，启用消防水系统进行喷淋，稀释泄漏气体
		将喷淋消防污水引入外排沟，进入污水收集池回收
		泄漏源得到有效控制后，采取短信群发、电话通知等方式通知村应急联动小组成员，安全信息告知
7	应急终止	符合应急终止条件，宣布应急终止

10.8.2 火灾爆炸应急处置原则和程序（表10－2）

天然气地面集输系统因硫化氢气体泄漏、硫化亚铁自燃等原因均会发生火灾爆炸事故。不但导致生产停顿、设备损坏，也会造成重大人员伤亡和难以挽回的影响，含硫化氢天然气体泄漏源处点（灭）火原则如下。

（1）泄漏源处火未着，放空点火要优先；泄漏源处火已着，降温、防爆排在前。

（2）场内泄漏不点火，控制势态不扩大；管道泄漏酌情定，危及生命及时点。

（3）集输站场内泄漏原则上不允许点火，控制势态不扩大。在泄漏局面可以控制的前提下，要采取灭火的措施。

（4）为避免发生装置或人员密集区域火灾爆炸、中毒等难以挽回的巨大经济损失或势态恶化，点火、灭火都要慎重，在危及人员生命或导致工艺上无法控制的局面可能发生时，应视具体情况及时点火或灭火。

表10－2 火灾爆炸应急处置程序

火灾爆炸应急处置程序		
1	发现异常	站控室人机界面显示工艺装置区火焰探测器报警
2	确认	通过站场工业电视监控系统确认着火点位置及火势大小
3	紧急动作	初起火灾
		（1）迅速正确佩戴正压式空气呼吸器，立即手动触发ESD－1关断按钮
		（2）启用消防水系统进行喷淋降温，稀释泄漏气体
		（3）使用灭火器或干粉炮车对着火部位进行灭火
		（4）将喷淋消防污水引入外排沟，进入污水收集池回收
		（5）着火源得到有效控制后，采取短信群发、电话通知等方式通知村应急联动小组成员，安全信息告知
		火灾爆炸
		（1）迅速正确佩戴正压式空气呼吸器，立即手动触发ESD－1关断按钮
		（2）按照逃生路线撤离至指定集合地点，出站时再次触发逃生门处ESD－1关断按钮
		（3）如发生爆炸、火势无法控制或泄漏硫化氢气体蔓延，可能危及自身及周边百姓安全时，请求采气厂调度启动应急疏散广播，拉响防空警报
4	应急报告	向应急救援中心报告事件发生的时间、区域、类型、处置情况
		向厂生产办公室报告事件发生的时间、区域、类型、处置情况
		向区调度室报告事件发生的时间、区域、类型、处置情况
		向区经理、值班领导报告报告事件发生的时间、区域、类型、处置情况
5	预案启动	启动区级应急预案
6	应急指令	及时通过中控室了解现场情况
7	应急处置	区应急小组到达集合点，清点人数，等待上级指令
		现场警戒组：设置警戒区域，阻止无关人员进入现场
		在安全的条件下，根据厂现场指挥指令，工艺自控技术组进入现场
		工艺自控技术组：查找事故原因，落实工艺技术方案
		信息联络组：掌握现场信息和各级指令的上传下达
8	应急终止	根据厂现场指挥指令，符合应急终止条件，宣布应急终止

思　考　题

1. 井喷失控的危害有哪些？

2. 井喷事件如何分级？

3. 井喷事件应急抢险实施步骤有哪些？

4. 应急处置原则 ：________，后确认；________，后汇报；________，后撤离。

5. 工艺处置原则：迅速关断，切断气源。________，不放空；________，不外泄；就近截断，就近放空；避免小泄漏，大关断。目的是使含硫化氢天然气体总的泄漏量控制最小、对生产造成影响降低到最小。

6. (　　)：在个人确保安全的前提下对事故直接原因进行确认。

A. 先保护，后确认；B. 先处置，后汇报；C. 先控制，后撤离

7. (　　)：紧急情况下先进行技术处置，然后按程序汇报。

A. 先保护，后确认；B. 先处置，后汇报；C. 先控制，后撤离

8. (　　)：站场人员撤离时首先将站场关断，然后撤离。

A. 先保护，后确认；B. 先处置，后汇报；C. 先控制，后撤离

9. 应急预案的编制按照“________、________、一事一策”的原则，编制完成区、站级应急预案。

第11章

井控案例选编

11.1 清溪1井井喷

1. 基本情况

清溪1井是一口预探井，位于四川省宣汉县清溪镇七村3组，构造上位于四川盆地川东断褶带清溪构造高点。设计井深5620m，主探石炭系储层，兼探嘉陵江组、飞仙关组、长兴组、茅口组及陆相层系，中志留统韩家店组完钻。

该井由胜利油田70158钻井队承钻。2006年1月11日23:00一开，2006年2月28日7:15二开，2006年7月10日20:00三开，2006年12月17日4:00四开，12月20日钻至井深4285.38m发生气层溢流、导流放喷，钻头位置4275.00m。经过五次压井施工，于2007年1月3日压井封井成功。溢流时钻头尺寸、套管程序见表11－1。

表11－1　清溪1井钻头与套管程序

开钻次数	井段/m	钻头尺寸/mm	套管尺寸/mm	套管下深/m	水泥返高/m
导管			Φ508	15.16	地面
一开	-601.43	Φ406.4	Φ339.7	600.64	地面
二开	-3070.00	Φ316.5	Φ273.1	3067.79	地面
三开	-4261.77	Φ241.3	Φ193.7	2913.96-4260.97	2913.96
四开	-4285.38	Φ165.1			

井下钻具组合：Φ165.1mm3A［HA537G］×0.20m＋330×310×0.40m＋311×310箭形止回阀×0.43m＋Φ121mm钻铤×79.43m＋311×310旁通阀×0.71m＋Φ88.9mm加重钻杆×82.34m＋Φ88.9mm钻杆（G105）×52柱（加5个防磨接头）×1502.36m＋311×520×0.48m＋Φ139.7mm钻杆（G105，加6个防磨头）×2609.61m。井身、钻具结构如图11－1所示。

2. 发生经过

本井于12月20日2:15钻至井深4284.00m遇快钻时，4284.00～4285.00m钻时由81min/m加快至46min/m，4285.00～4285.38m井段、进尺0.38m、钻时3min，立即停钻循环观察，4min溢流1.5m^3，泵压由14.7MPa上升到15.5MPa。钻井液密度1.60g/cm^3。2:33停泵关井11min，套压由0MPa上升至20.0MPa，之后快速降至0MPa，发生井漏。再次发生溢流关井，套压最大上升至4.15MPa不再升高。井口防喷器组合如图11－2所示。

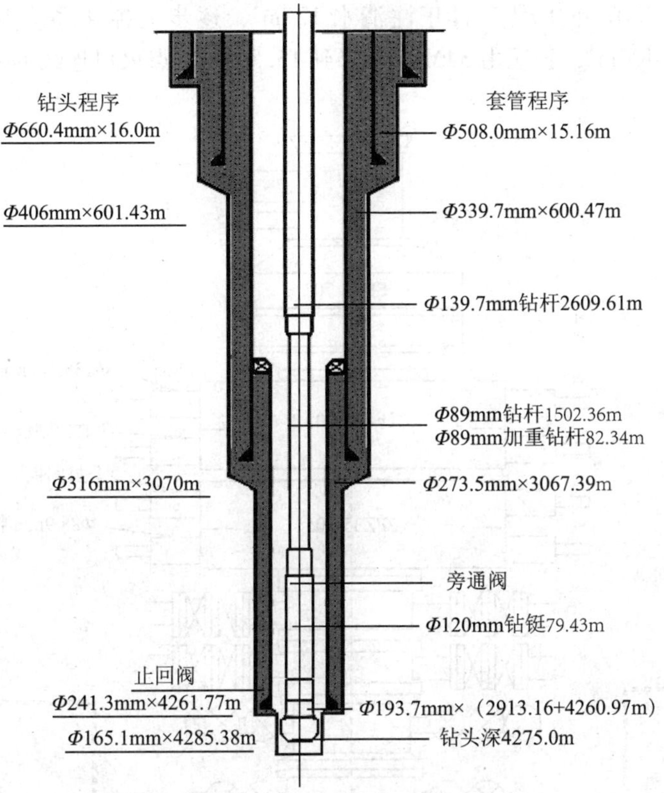

图 11－1　井身、钻具结构示意图

3. 处理经过

第一次压井：12 月 20 日用密度 1.80g/cm^3 钻井液节流循环排气压井，套压由 20.4MPa 下降到 9.6MPa，泵入总量 64m^3 套压下降到 4.3MPa，立压降为 0MPa。随后井口失返，发生井漏关井。

第二次压井：关井后套压快速上升到最高 40.6MPa。开节流阀排气，放喷口火焰高 10～15m。泵入 1.70g/cm^3 堵漏浆 20.0m^3，井口钻井液返出。用密度 1.70g/cm^3 钻井液建立循环，出口密度 1.54～1.64g/cm^3。12 月 21 日节流循环加重中液面上涨，关井套压达 41MPa。注密度 1.77g/cm^3 堵漏钻井液 25m^3，因节流阀刺坏关井，套压上升为 45.9MPa。放喷口火焰高 30～35m。

放喷原因：套压已超出井口允许关井安全压力（41.04MPa）。打开一条放喷管线放喷，套压 37.8MPa，在倒换放喷管线流程时套压最高上升到 56.4MPa，先后打开三条放喷管线同时放喷，套压降至 4～5MPa，放喷口火焰高 35～50m。

第三次压井：12 月 24 日注入 2.05g/cm^3 压井液 249.8m^3。压井实施期间钻井液从放喷管线以雾状返出，套压、立压维持不变。准备反挤压井液时，套压在 4min 内快速上升至 42MPa，被迫打开 4 条放喷管线放喷，火焰高达 25～45m。

第四次压井：12 月 27 日正注清水 332m^3，立压 40～48MPa，套压由 3.5MPa 上升至 39.8MPa 后逐渐降至 30MPa 以内。正注密度 2.20g/cm^3 的压井液 260m^3，突然发生漏失。在调整排量时，套压迅速上升至 37MPa 并且仍有继续上升。由于放喷管线刺漏、测试管线甩开，被迫停止压井作业，5 条放喷管线放喷火焰高 20～30m。

第五次压井：2007 年 1 月 3 日正注清水 $127m^3$，逐步关掉 4 条方喷管线，注密度为 $2.20g/cm^3$ 压井液 $400m^3$，套压由 34MPa 下降到 15.5MPa，点火口连续返水火焰熄灭。

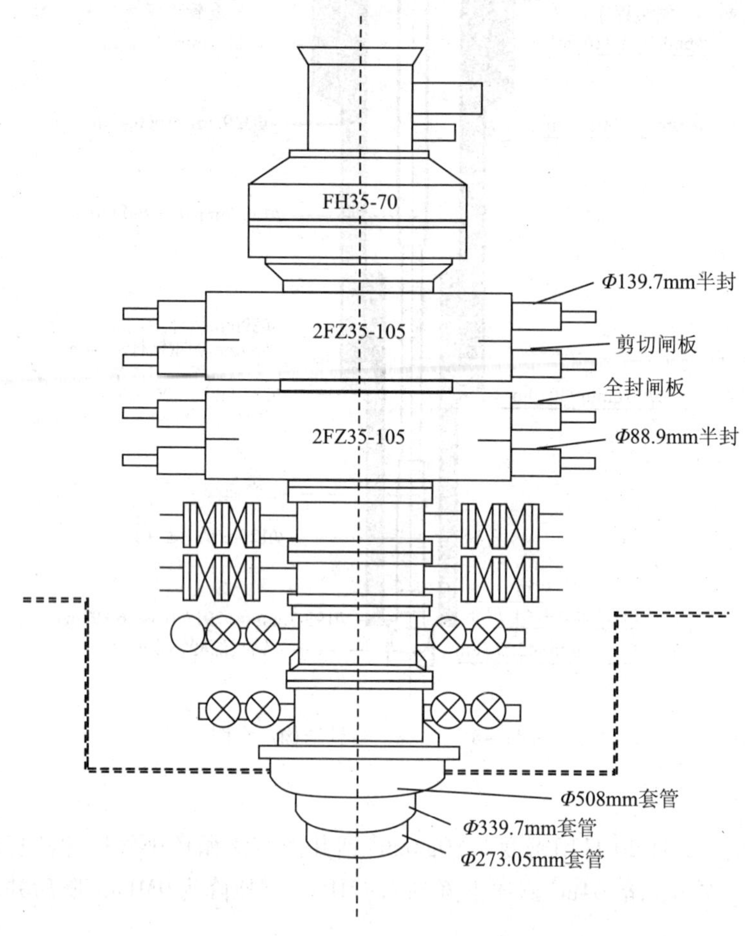

图 11-2　井口防喷器组合示意图

反挤密度为 $2.20g/cm^3$ 压井液 $113m^3$，套压上升并维持在 26MPa，此时已将环空侵入的气液成功推入地层。反注水泥浆 $86m^3$，同时正注水泥浆 $42m^3$。之后正反注 $2m^3$ 清水关井憋压候凝，压井结束。1 月 4 日立压 0MPa，套压至 0MPa，压井、封井成功。

4. 井喷原因分析

（1）该井为清溪构造的第一口预探井，地层压力预测误差较大，施工中对地层压力掌握不准，钻井液密度不能平衡气层压力，是发生井喷的主要原因。

（2）对井喷原因分析不够，前几次采用了高密度压井液大排量压井，因漏失未能建立环空有效液柱，加之对套压控制不当，是导致压井失败的主要原因。

（3）由于井身结构的限制，不能在高压下关井，地面节流管汇冲刺损坏严重无法有效控制，是导致压井失败的重要原因。

（4）井控管汇长时间在高压、高速流体的冲蚀下损坏严重，地面部分流程失效、更换困难，是造成压井困难的重要原因。

5. 井喷事故教训

（1）新探区第一口预探井，地层压力预测误差大，没有引起各方重视，以致引发了溢流井喷问题。

（2）井身结构不完善，Φ193.7mm 套管没有回接到井口，不能满足井控关井需要。

（3）对井喷后井眼系统压力分布、喷与漏关系分析不够，延长了压井次数、周期，增加了压井风险。

（4）节流、压井及放喷管汇和各种配套设施不规范，通用性和可互换性差，不能及时快速更换相应部件，对井控压井工作影响大。

（5）压井期间现场指挥、岗位分工、措施落实、应急处置等方面还需进一步加强，进一步提高井控实战水平与技能。

11.2 P303－1 井“1.24”异常关井故障处理分析

1. 故障描述

2010 年 1 月 24 日 17:17，P303－1 井出现异常关井。主要原因是计量分离器背压阀堵塞，导致计量分离器至三级节流阀间管线压力瞬间增高，达到三级节流加热炉压力高报值，引发 P303－1 井加热炉 ESD 关断，造成井口压力高于 30MPa，引发 ESD－3 关断。

2. 故障的原因与分析

1）P303－1 井生产过程中携带的液体量大，杂质多

P303－1 井开井以来，呈现产液量大、杂质多的特点，前期携带物质比较黏稠、量大，现在黏稠度已较低、液量减少。

1 月 24 日当天，P303－1 井分酸分离器排液时间大概为每隔 10min 一次，根据前期液位计堵塞清理出的杂质看，气体杂质的主要成分为黏黄状物质。

2）计量分离器背压阀存在堵塞现象

计量分离器背压阀设定为 0.2MPa，随着生产时间的增长，背压阀导压管存在部分液体，在温度较低情况下很容易堵塞导压管。一旦存在导压管堵塞，并且堵塞时背压阀得导压管反映的压差小于 0.2MPa，这时候背压阀的开度就会减小，迫使计量分离器前后压差增大，但这个压力增加值由于导压管堵塞反馈不到背压阀，这就引起计量分离器瞬间罐体压力升高。

3）加热炉高压关断自动保护，引发 ESD－3 关断

在计量分离器压力升至 10.5MPa 时，加热炉二级盘管达到设计压力值，即引起加热炉停炉（ESD 处于受控状态），同时站场二、三级节流阀由于受加热炉控制而同时关闭，导致一级节流至二级节流间管线瞬间压力超过 30MPa，达到井口压力高高报警值，引发 P303－3 井引发 ESD－3 关断。

3. 处理过程和处理效果

在确定故障原因后，岗位人员打开了计量分离器背压阀旁通流程，防止再次出现背压阀导压管堵塞引发计量分离器瞬间憋压情况。接厂调通知，P303－1 井再次开井，气量 $80\times10^4m^3/d$，目前生产正常。

4. 经验教训

（1）气井正常生产走计量分离器流程时，为防止憋压引起三级关断，需要打开计量分离器背压阀旁通。

（2）加强分酸分离器、计量分离器的排污次数。

11.3 塔中823井井喷事故汇报

1. 基本情况

该井是部署在塔中低起Ⅰ号坡折带82号岩性圈闭上的一口重点评价井，位于巴州且末县境内，距沙漠公路直线距离5km，距塔中1号沙漠公路直线距离9km，距塔中作业区约40km，距最近的村庄约200km。该地区为沙漠腹地，无长住居民。

塔中Ⅰ号坡折带是塔里木油田公司2005年发现的一个超亿吨油气田，资源量达到3.6×10^8t，有利勘探面积1100km^2。

该井由中国石化集团公司下属的胜利钻井公司（塔里木第六勘探公司）以总包的形式承钻，于2005年7月23日开钻，11月8日钻至井深5550m，11月10日完井中测，用8mm油嘴求产，油压42.56MPa，日产油88.8m^3、气$32.6\times10^4m^3$，含硫化氢20~1000ppm（0.03~1.5g/m^3）。本井于11月21日12:00完井，进行VSP测井，至11月29日14:00正式转为试油。12月16日碘量法实测硫化氢浓度14834ppm（22g/m^3）。

该井一开用$12\frac{1}{4}$in钻头钻深803.00m，$9\frac{5}{8}$in套管下深803.00m；二开用$8\frac{1}{2}$in钻深5371.00m，7in套管下深5369.00m；三开用6in钻头钻至5550.00m，回填固井至5490.00m。油管下深5365.73m，封隔器坐封不成功，油套管相互连通。

2. 发生经过

2005年12月24日13:00该井开始试油压井施工，先反挤清水90m^3，再反挤入密度为1.25g/cm^3、黏度为100s的高黏泥浆10m^3，随后反挤注密度1.25g/cm^3黏度50s的泥浆120m^3，此时套压下降至0MPa。

18：00正挤注清水24m^3、密度1.25g/cm^3黏度50s的泥浆35m^3，此时油压、套压均为0MPa。观察期间套压上升2至4MPa，往油套管环空内注入泥浆三次，共注入泥浆27m^3，其中26日6:30~6:55往油套管环空内注入泥浆17m^3，套压由4MPa下降至0MPa，开始将采油树与采油四通连接处的螺丝卸掉。7:05时，油、套压均为0MPa，无泥浆或油气外溢迹象。吊起采油树时井口无外溢，将采油树吊开放到地上后约2min井口开始有轻微外溢，立即抢接变扣接头及旋塞，至7:10抢接不成功，此时泥浆喷出高度已经达到2m左右。到7:15重新抢装采油树不成功，井口泥浆已喷出钻台面以上高度。井队紧急启动《井喷失控应急预案》，全场立即停电、停车，并由甲方监督和平台经理组织指挥井场和营房区共71名作业人员安全撤离现场。

3. 事故处理情况

塔里木油田公司接到塔中823井井喷报告后，立即按程序向中油股份勘探与生产分公司作了汇报，并迅速启动了油田突发事件应急救援预案，立即成立以总经理为组长的抢险工作组，第一时间赶赴现场。组织以塔中823井为半径7~100km范围内的10家单位1374人全部安全撤至安全区。为确保过往车辆人身安全，巴州塔里木公安局分别对肖塘且末民丰至塔中的沙漠公路进行了封闭，油田抢险车辆携带H_2S监测仪和可燃气体监测仪方可通过。

26日中午，抢险小组携带H_2S监测仪和正压呼吸器进入井场，勘查现场情况，经检测，现场距离井口10m左右H_2S浓度不超标（人员顺风口进入现场，检测仪器未显示出含H_2S）。同时，塔中823井方圆20km以外的作业区场所，由专人负责监控现场H_2S浓度。根据勘查结果，制定了两套压井作业方案，并报请股份公司通过。

先进行清障作业，清除井口采油树，推副井场，准备 4 台 2000 型压裂车组，储备水 $200m^3$、密度 $1.30g/cm^3$ 泥浆 $400m^3$，从油管头四通两侧接压井管线并试压合格。于 12 月 30 日进行反循环压井施工作业，共泵入密度 $1.15g/cm^3$ 的污水 $110m^3$，压稳后抢装旋塞。然后，正反挤 $1.30g/cm^3$ 的泥浆 $173m^3$，事故解除。

4. 原因分析

通过对事故调查结果综合分析后认为，本次事故在地质和工程方面存在一定的意外因素如：

（1）地质原因。该井地层属于敏感性储层，经酸压后沟通了缝洞发育储层、喷、漏同层，造成压井泥浆密度窗口极其狭窄，井不易压稳。

（2）工程原因。按照目前国内的试油工艺和装备，将测试井口转换成起下钻井口时，需要卸下采油树，换成防喷器组。因此，井口有一段时间处于无控状态，这是目前试油工艺存在的固有缺陷。

但本次事故也存在很多人为责任因素，总的来看，造成本次井喷事故的原因有以下几个方面。

（1）主要原因：井队未严格按照试油监督的指令组织施工，是导致本次事故的主要原因。

试油监督在 12 月 23 日下达的《塔中 823 井压井、下机桥、注灰作业指令》中明确要求了挤压井的工作程序和挤压井完后的具体观察的要求，即“压井停泵后，观察 8 ~ 12h，在观察过程中，在时间段内记录静态下地层漏失量，出口无异常”后，方能拆采油树。而井队从 6:30 ~ 6:55 井队往油套管环空内注入泥浆 $17m^3$，套压由 4MPa 下降至 0，7:05 井队值班干部便指挥班组人员起吊采油树，严重违反了监督指令的要求，是造成此次井喷失控的主要原因。

（2）井队对地下情况认识不足，在井口压力不稳的情况下，擅自进行拆装井口作业，是导致本次事故的直接原因之一。

现场试油监督在生产会上明确要求：在进行拆卸采油树的施工作业前，必须往井筒内各反挤、正挤密度为 $1.25 \sim 1.26g/cm^3$ 的泥浆。但井队人员却未给予应有重视，从 6:30 ~ 6:55，往油套管间的环空内注入 $17m^3$ 泥浆，观察套压由 4MPa 降为 0MPa 后，在未进行正挤泥浆及其他有效的技术和安全措施的情况下，便擅自组织拆装井口作业，致使拆装作业过程中井口失控。这一作业行为，严重违反了塔里木油田企业标准 Q/SY - TZ 0075 - 2001《试油换装井口作业规程》中第 4.1 条“换装井口之前，应将井压稳后再进行”的规定。

（3）拆卸采油树之后，未能及时抢装上旋塞是导致本次事故的另一直接原因。

试油巡井监督反复要求：要准备 $3\frac{1}{2}$in 油管与 $3\frac{1}{2}$in 钻杆之间的变扣接头与旋塞连接好，在拆完采油树后，立即在油管挂上装上旋塞（配变扣接头）。但井队未能在拆卸采油树前将变扣接头和旋塞连接好，并在井口出现溢流抢接旋塞和变扣接头时失败，是导致本次事故的另一直接原因。

（4）井队在拆装井口过程中，未及时通知试油监督和工程技术部井控现场服务人员，使整个施工过程中，缺乏应有的技术指导是导致本次事故的另一重要原因。

塔里木油田企业标准 Q/SY - TZ0075《试油换装井口作业规程》中第 4.2 条明确要求

“拆装井口前，应做好一切准备工作，拆装井口作业应由监督指导，井队工程师亲自指挥。”另外，油田公司《安装套管头及采油树专业化服务规定》中也要求“换装套管头及采油树应由工程技术部负责技术指导和试压”，但井队在未通知试油监督和工程技术部井控现场服务人员的情况下，就擅自组织夜班人员进行拆装井口作业，严重违反了上述规定和标准要求。由于没有技术管理人员在场，致使井口失控时，不能得到及时的技术支持，延误了控制井口的时机。

（5）井队技术力量薄弱，井队施工作业能力和应变能力较差，也是造成本次事故的原因之一。

塔中 823 井是高压、高产、高含硫的凝析油气井，是油田 2005 年部署的重点评价井之一，但就是这样一口高难度、高风险的复杂井，第六勘探公司却为井队配备了一名于 2004 年 7 月毕业、现场技术和管理经验都较缺乏的助理工程师独立顶工程师岗。

该井关于拆装井口的应急预案中对硫化氢的安全防护和应急方面的问题只字未提。所有这些情况都反映了该井队技术力量的薄弱和安全管理上存在的问题。

（6）监督指令下达不规范，也是其中一个间接原因。

该井驻井试油监督于 12 月 23 日起草的监督指令上未有甲乙双方的签字，且指令中对巡井监督提出的两条关键性施工要求未被列入，而只是在生产会上口头下达给井队。事发当日凌晨，驻井场试油监督未能及时察觉并亲临井口组织指导井队拆卸采油树，驻井试油监督在本次事故中负有监督不力的责任。

5. 经验教训

（1）对高含硫油气井必须给予高度重视，对高含硫油气井要进一步加强技术力量的配备。

对高压、高产和高含硫的油井必须从甲乙方双方加强技术力量，加强硫化氢知识的安全培训，正确认识和科学防护硫化氢，并明确责任，密切协作。同时加强对各类危害和风险的识别评价，从技术方面制定出科学周密的措施。同时，要制定切实可行的预防和控制措施，特别是建立针对性强的应急预案，并分解到各相关岗位予以贯彻落实。以此，通过加强技术力量，从源头上保证高含硫油气井的施工作业安全。

（2）应进一步加强对钻井及相关作业队伍的管理。

今后几年油田勘探工作任务重，钻井工作量大，钻井及相关作业队伍出现供不应求的局面。一些承包商队伍将一些工龄较短、工作经验不够丰富的技术管理和操作人员推上一些关键岗位，如 60130 队的工程师是 2004 年才毕业的助理工程师，现在就开始在井队独立顶岗；负责（在事发夜间）换装井口的夜班司钻也是在今年刚刚从副司钻岗位调整到司钻岗位。

同时，不少乙方基层单位人员反映，由于工作量大，人员不足，施工队伍人员倒休也受到一定程度的影响，一些井队技术管理人员在前线一干就是半年，对身体和精神上都造成很大压力。人是安全生产的第一要素，上述存在问题给油田钻井及相关作业的安全生产带来潜在的巨大隐患，因此油田应进一步加强对乙方施工队伍的监督管理，在加强对员工培训工作的同时，强化对施工队伍及人员的能力评价工作，并进一步培育油田钻井及相关作业队伍市场，以确保各施工作业队伍的人员能力满足油田勘探开发生产，特别是高难度、高风险井的施工作业要求。

（3）进一步加强对监督队伍的人才储备。

油田近年来钻井及相关作业现场监督力量严重不足，油田固定监督短缺。由于种种原因，技术好的监督招不来，近年来监督的综合素质不断降低，使油田监督队伍的整体业务素质和水平下滑，基层监督数量严重不足。

今后，油田应进一步加强监督队伍的人才储备和综合素质的提高，以适应油田不断发展的需要。

（4）健全完善硫化氢安全防护管理制度，加大防硫安全投入。

油田应进一步健全完善相关的硫化氢安全防护管理办法和相应的硫化氢应急预案，为今后含硫油气田的大规模勘探开发提供可靠的安全保证。

同时，要进一步加大在硫化氢安全防护方面的科技投入，以进一步提高油田在含硫油气田的钻采、集输和储运的技术含量和管理能力。为油田含硫油气区的大勘探、大开发筑好基，铺好路。

（5）进一步增强对硫化氢安全防护用具的配备。

本次抢险应急过程中也暴露出油田对硫化氢安全防护用品投入不足，在整个抢险应急过程中，经常出现因安全防护器具配备不足，而临时从别处紧急调配的情况。同时对安全防护器具要严格执行定期检定校验制度，确保随时处于完好备用状态。

（6）进一步加强对油田相关人员硫化氢的培训。

从油田长远考虑，应进一步加大对油田相关作业人员的防硫培训。油田今后应采取“请进来，送出去”的办法，加强与国内外油气田在防硫技术方面的交流和合作，以迅速提升塔里木油田的防硫技术和管理能力。

（7）完善《塔里木油田试油井控实施细则》，不断适应油田试油井控工作的需要。

随着油田高风险、高难度复杂油气井的增多，对试油井控技术的要求也越来越高。2005年6月油田下发的《塔里木油田试油井控实施细则》（试行）虽然对指导油田试油井控工作起到很强的指导作用。但在实践过程中发现，目前细则已不能完全适应一些高难度、高风险油气井试油工作的需要。今后《油田试油井控实施细则》在补充完善过程中，应着重考虑以下几方面内容。

①在细则中应补充有关试油拆装井口作业的相关内容。

②喷、漏同层或含 H_2S 井在换装井口拆采油树前，油管内必须控制，否则不准拆采油树。

③研究在不动管柱情况下的封堵工艺技术，封闭油气层，避开换装井口无控制环节。

④对试油、井下作业所用内防喷工具进行研究，研究带压情况下可下入和取出的内防喷工具，以确保在换装井口期间的井控安全。

⑤各辅助专业队伍（指钻井队、修井队以外的测试队、地面计量队、射孔队、酸化压裂队等）也要加强现场生产管理，提高作业者的技术水平和自我防护能力，加强井控知识、硫化氢危害知识的培训，杜绝违章作业和无证上岗。对重要岗位员工的培训一定要加强。各辅助生产单位要加强与钻井队、修井队的密切配合，高风险工序施工作业前要充分做好风险评估和职责分工：要做好应急预案，把每道工序的责任落实到岗、明确到人，安全生产措施要突出预防、强化控制。

6. 下步措施

油田公司认真总结了 TZ823 井井喷失控原因及教训，2006 年在将继续加大井控管理力度，加大购置井控装备的投资力度，努力杜绝井喷及井喷失控事故的再度发生。主要从以下几个方面着手：

（1）进一步规范井控工作行为，对《塔里木油田井控管理办法》、《塔里木油田钻井井控实施细则》、《塔里木油田试油井控实施细则》、《塔里木油田井下作业井控实施细则》进行修订，完善相关内容；

（2）加强施工作业队伍的管理工作。一方面，加强现场施工作业的监督力度，严格执行相关标准和规定，只允许规定动作，不允许自选动作。另一方面，保障监督的人员素质，提高监督队伍的技术和业务能力，保证现场监督的质量；

（3）抓好试油、井下作业关键环节的井控工作，派井控经验丰富的技术人员驻井负责指导施工作业，并制定详细的技术措施和应急预案；

（4）加强油田各级井控检查、督察以及检查整改力度，把井控隐患消灭在萌芽状态；

（5）继续进行井控集中统一培训，努力提高井控培训的质量；针对不同专业、不同类型的岗位进行培训，培训紧密结合现场实际及典型的井喷失控案例，提高实际操作能力；

（6）在全油田范围内开展井控宣传工作。制作塔里木油田井控失喷案例板报进行宣传，增强油田员工的井控安全意识；

（7）加大井控科研攻关力度，研究适合钻井、试油、井下作业的内防喷工具，确保内防喷可靠；尤其是要研究适合试油、井下作业的内防喷工具，确保换装井口作业的可靠；研究适合试油、井下作业的井控装备，提高作业的井控安全；

（8）加大对现有井控设备的检测力度。加强对老化井控装备的检测，及时发现设备存在的缺陷，消除井控装备失效的因数；

（9）努力解决井筒一致性和完整性问题。使用高强度套管，提高套管抗内压强度；

（10）进行套管防磨技术研究，采用套管防磨新技术，解决套管磨损问题，达到减少井控安全风险的目的。

11.4 井口压力变送器解堵

1. 故障描述

3 号线的 3 个站至生产以来，井口压力变送器取压管堵塞成为一个影响生产的重要因素。现场值班人员需要经常用热水或者通过外排的方式解堵。

2. 故障分析

由于产出的气体中含有极为黏稠的酸液、固态硫以及其他杂质，同时取压管线很细，所以极易造成井口压力变送器和井口压力表取压管线堵塞。

3. 故障处理过程及结果

（1）将人机界面对相应井的井口压力高高低低报警转换至“超驰允许”；

（2）使用热水浇注取压管，如果堵塞情况消除就不用执行下步操作；

（3）关闭取压阀，将高压软管一端安装至压力变送器放空管上，另一端连接到装有中和液的桶中；

（4）缓慢打开压力变送器放空阀，将压力泄完；

（5）关闭压力变送器放空阀，打开压力变送器取压阀；

（6）观察压力变送器是否恢复正常，如未恢复正常则重复进行（3）~（5）步。如恢复正常，则核对就地显示数值和远程显示数值，并在人机界面上将相应井的井口压力高高低低报警信号转换至“超驰禁止”；

（7）井口压力表解堵只需执行（2）~（6）步即可。

4. 经验教训

由于井口压力变送器牵涉到控制系统的关断逻辑，所以在进行井口压力变送器外排解堵时必须先在人机界面上进行相应井的井口压力高高低低报警信号超驰操作。

11.5　BK6H 井井喷失控事故

2009 年 7 月 29 日，BK6H 井在完井测试作业替喷过程中发生一起井喷失控事故。经全力应急抢险，58h58min 后压井成功。事故造成 15000m^2 戈壁滩轻度污染，未造成油气火灾爆炸、人员伤亡等次生事故。

1. BK6H 井基本情况

BK6H 井是分公司部署在巴楚县境内麦盖提斜坡巴什托构造的一口开发水平井，设计单位是分公司工程技术研究院。该井由中国石油西部钻探 70513 队钻井队 2008 年 11 月 28 日开钻，2009 年 7 月 23 日钻至井深 5056.4m 发生漏失，井口泥浆失返，垂深 4765.5m（预测），层位 C1b。分公司开发处于 2009 年 7 月 23 日下达《关于对 BK6H 井油管测试的通知》，对该井漏失井段 4924.59 ~ 5056.4m 进行油管测试求产作业。

2. 事故发生经过

2009 年 7 月 28 日 23:30 ~ 29 日 2:45 从采油四通左侧反替密度 1.45g/cm^3 钻井液 66m^3，油管内返出密度 1.98g/cm^3 钻井液 3m^3，泵压 6 ~ 23MPa。

2:45 ~ 3:50 连接正替管线试压 45MPa 合格，套压由 23MPa 降至 18.5MPa，油压 0MPa。

3:50 ~ 3:55 采油四通右侧装 6mm 油嘴开井，在准备正替时，发现油管头本体与右翼一号平板阀连接处的 BX153 法兰刺漏，用 32 扳手 +600mm 的加力杠强行对刺漏法兰螺帽紧固，未紧动。

3:55 ~ 4:55 用与环空连接的第一台水泥车向井内泵注密度 2.15g/cm^3 的钻井液，泵压：18 ~ 28MPa，排量 0.15 ~ 0.2m^3/min，泵入 12m^3。

4:00 ~ 7:00 在第二条供浆管线连接好后，用与采油树清腊闸门连接的第二台水泥车向井内正注密度 2.15g/cm^3 的钻井液，泵压：0 ~ 7 ~ 3MPa，排量：0.41 ~ 0.45m^3/min，泵入 73m^3。5:56 天然气外溢，未检测到硫化氢气体。

7:00 ~ 7:30 采油大四通与右翼一号平板阀连接处的 BX153 法兰刺漏严重，离井口 20m 处天然气浓度为 12% ~ 30%，泵车停泵熄火，井场人员撤离到生活区。法兰刺漏处喷出大量天然气、压井液和原油混合物。

7:30 ~ 9:00 准备连接采油树左翼生产闸门压井管线，由于井场风向改变，人员再次被迫撤离井场。

3. 井喷失控处理经过

1）完井测试管理中心启动应急预案

发生采油大四通与右翼一号平板阀连接处的 BX153 法兰刺漏后，4:15 完井测试管理中心启动井控异常应急预案，同时上报分公司领导、西北油田分公司应急指挥办公室、油田治安消防中心。现场人员被迫撤离后，在生活区域通向井场道路设置警戒区域，杜绝无关人员进入，同时监测井场天然气浓度。10:20 从雅克拉采气厂巴什托站组织拉运 60 根 $3\frac{1}{2}$in 油管作为压井管线。10:30组织挖掘机进入原油流淌区域进行疏通、围堰。利用有利风向进入距离井口约10m处观察井口刺漏情况。工程监督中心巴楚项目部通知邻井（BK7、BK8和BK9井）井队配置2.15g/cm^{3}的高密度钻井液450m^3。

2）西北油田分公司启动应急预案

启动应急预案。分公司4:20接到报警，于4:30启动分公司应急救援预案。完井测试管理中心抢险人员、治安消防中心消防、气防、医疗救护人员和特种工程管理中心的特种机具车辆从塔河油田出发，于15:00赶到现场。分公司副总经理和相关部门、单位的领导、技术人员在当天18:30前到达事故现场，成立现场抢险指挥部，下设七个专业小组开展工作，立即对事故现场进行了勘察，着手制定抢险方案。20:00～21:00召开了第一次抢险工作会议，布置各小组的具体工作任务和安全要求，组织专家制定了压井方案：拆卸采油树大四通右翼2号闸阀安装堵塞器，采用正挤压井、反挤压井。方案一：按照正挤压井的方案实施；若方案一不成功，准备切割井口和注水泥两个方案；邻井（BK7、BK8和BK9井）井队配置2.15g/cm^{3}的高密度钻井液400m^{3}及堵漏钻井液50m^3。

中国石化领导和专家当日赶赴现场，21:20～23:20现场听取了开发处、生产运行处、工程技术处等部门有关BK6H井区开发地质资料、现场准备情况以及现场领导小组压井方案的汇报后，首先肯定了分公司制定的压井方案，并就压井中的细节进行了讨论，形成了统一的意见。

3）初次作业失利

2009年7月30日15:20～15:45，按照即定方案拆卸采油树大四通右翼2号闸阀安装堵塞器，在右侧立管拆卸后，发现BX153法兰的栽丝发生断裂，采油树大四通右翼1号、2号闸阀下落，无法实施安装堵塞器作业，现场召开紧急会议，经过讨论后，确定下一步压井方案。

①现场配置600m^{3}密度为2.15g/cm^{3}加重钻井液（已配置450m^3），正循环压井，排量控制在4m^3/min左右，现场控制施工压力不超过50MPa。

②若压井不成功，组织配置400m^{3}重晶石氯化钙钻井液进行二次压井（井场已到加重材料800t，组织再运送氯化钙120t，配置400m^{3}重晶石氯化钙钻井液备用）。

③要求各专业组按照抢险方案各行其责，尽快完成调配物资设备、清理井场、简易路面加宽加固、配浆、改造安装泥浆罐、安装压井管线等准备工作。

4）再次作业成功

2009年7月31日16:00各项准备工作全部到位，16:40召开压井动员大会，会上进一步确定了各专业职责和压井具体步骤。

17:06～19:58正挤密度2.15g/cm^{3}的钻井液168m^3，泵压53.5～33.6MPa，排量1.06～1.5m^3/min;其中注入20m^{3}时喷势减弱，18:40注入95m^{3}时法兰刺漏处停止出液。19:58～20.45正挤密度2.15g/cm^{3}的堵漏钻井液38.7m^3，18:55～19:45开左翼套管闸门，右翼装VR阻塞器。

20:45～21:01正挤密度2.15g/cm^{3}的钻井液15m^3，泵压36.2～18.4MPa，排量0.83～1.09m^3/min。

21:01～21:36停泵观察，泵压0，井口不出液，压井成功。

此次井喷失控的处理历时58h 58min，抢险救援工作未造成人员伤亡和次生事故。

22:00钻井队组织清理井场，清洗设备。

8 月 1 日 12:00 启动柴油机，调试提升系统，16:00 开始穿换井口采油大四通、采油树，21:30 井口装置试压合格。

4. 事故原因分析

1）直接原因分析

①现场试压存在违章漏项是造成事故的直接原因。

采油树与四通在启运之前，虽由承包商试压合格，但该承包商无试压资质，操作人员也未取得井控操作证和 HSE 培训证，很难保证试压质量。运至井场并完成安装后，设计方和管理方仅对采油树及管线进行再次试压提出要求，而以现场试压条件不具备为由放弃了对采油四通试压要求，违反《常规地层测试技术规程》（SY/T5483 - 2005）标准等有关井口安装后必须进行全套试压规定。采油树和四通在基地试压合格后运至井场，须经数百公里运输，长距离的路途颠簸，再加上安装和替喷过程产生的振动，极易造成四通法兰密封松动（目前不能完全排除因材料和质量原因造成四通法兰刺漏的可能）。由于替浆作业前未对四通进行试压，故未及时发现这一隐患，因而在反替作业结束刚刚转入正替作业时，造成右侧法兰刺漏。

②管理低标准是泄漏升级为失控的主要原因。

主要体现在四个环节：一是现场未安装正规压井管汇和液控节流管汇及放喷管汇；二是四通右侧节流放喷流程被 6mm 测试流程取代，在法兰出现刺漏后不便正替压井；三是在发现四通法兰出现刺漏时，盲目采取先反替压井后正反同时压井的应急处置措施，进一步加剧了法兰刺漏；四是 2 台 700 型水泥车各自连接到环空压井流程和油管压井流程，人为造成了压井排量的不足。此 4 个问题和高密度加重泥浆的共同作用，在应急处置过程中，实际起到了加剧刺漏的负面作用，也错过应急处置的最佳时机，并最终使泄漏升级为失控。

2）设计严重缺陷是造成事故的根本原因

①甲方编制的施工设计和乙方编制的施工组织设计，对四通法兰及闸阀安装完毕后必须进行试压均无任何要求；对四通闸阀及法兰潜在的刺漏风险也未提出针对性的防范措施。

②甲方施工设计的乙方组织设计均无四通两侧压井、放喷流程图。

③甲方设计中要求以大排量替浆措施确保 1.45g/cm^3 泥浆正反替 1.98g/cm^3 泥浆的条款过于模糊，“大排量”定量数据不清楚，对替浆车型和组装连接方式均无明确要求，给施工管理单位和施工单位具体执行带来困难。

3）管理方面原因分析

（1）测试施工管理严重缺陷是造成事故的另一个重要原因。

①未针对该井曾发生严重漏失（静止状态下约 3m^3/h）的特殊情况，明确提出坐油管挂后的环空灌泥浆要求，致使环空替泥浆作业前长达 6h 未灌泥浆；

②未执行油管测试施工设计要求，仅用 1 台 700 型水泥车进行反替浆作业，结果是耗时 3h15min 仅替浆 66m^3；

③完井测试管理中心委托的试压单位未取得试压资质，操作人员未取得井控操作证和 HSE 培训证，很难保证试压质量的可靠性。

上述 3 个因素导致油气上穿和环空油气窜槽和试压作业的不可靠，从而预伏了井喷失控风险；也有可能是开井后，在 6mm 油嘴的限流下，环空压力剧烈上升，导致了右侧法兰刺漏。

（2）设计单位工程技术研究院和施工管理单位完井测试管理中心安全意识淡薄，没有认识到 BK6H 井属于高压、高油气比、严重漏失和水平井的重要性，仍按普通开发井设计和管理。对于采油四通现场安装后，依靠以往经验作法无法实现两侧法兰及闸阀试压的特殊风险认识不足，因而未制定具体的防范措施，也是事故发生的原因之一。

（3）对采油四通安装到井口之上后，传统的现场试压工艺不能解决两侧法兰及闸阀试压的问题。

（4）尚未按有关标准的要求修订完善该地区完井测试井控实施细则，尚未制定出高气油比、高压、高产井采油树完井测试投产等安全技术标准。

5. 事故防范措施及建议

根据上述调查分析，下一步的安全管理工作重点做好以下几个方面的工作。

（1）委托中国石油大学安全研究所进一步核查事故发生的直接原因。

（2）着力解决油气井口现场试压问题，根据现场采油四通不能完全试压的实际，尽快研究解决采油四通两侧法兰及闸阀现场试压问题。

（3）委托国内有资质机构承担井控设备及井口设备试压检测任务。

（4）进一步完善井控安全管理制度。其中包括组织修订井控管理规定，制定完井测试井控实施细则，出台高压、高产、高含 H_2S 采油树完井测试投产企业标准，并制定井喷事故问责制。

（5）规范完井测试施工设计审查现现场管理。

（6）按照国家安全生产监督管理总局提出的应急预案分级备案的要求，全面开展井控应急预案修订完善工作，提高预案的可操作性和实用性，并按程序组织专家审查和备案。

11.6 井口控制柜上井下安全阀压力表超量程

1. 故障描述

自投产以来，普光 201 - 2 井、普光 202 - 1 井、普光 202 - 2H 井的井下安全阀液控管线压力均有大于 10000psi 超压力表量程现象。

2. 故障判断

在井口控制柜控制面板上，关井状态的井下安全阀液控管线压力表读数均在 6000 ~ 8500psi 之间，处于正常工作范围，而只有生产井的井下安全阀液控管线压力大于 10000psi，超出压力表量程。

这是由于井下安全阀的液压控制管线处于环空保护液中，在开井生产过程中，由于油管温度上升造成油层套管内的环空保护液温度上升，从而使液控管线温度上升，最终促使井下安全阀液控管线压力上升（油温上升→环空保护液上升→液压控制管线温度上升→液压压力上升）。

而井下安全阀的液压控制管线溢流阀的溢流设定值大于 10000psi，当压力升高时，溢流阀不能有效溢流，致使井下安全阀压力表超量程。

3. 处理过程

重新设定井下安全阀的液控管线溢流阀的溢流值，设定值为 8500psi，当压力超过 8000psi，就能自动溢流，从而使井下安全阀压力处于有效工作范围内。

4. 处理效果

调节后，井下安全阀的溢流阀能有效溢流，井下安全阀压力表没有超量程现象。

5. 经验教训

观察井口控制柜各压力表压力变化情况，及时分析原因，调节修改参数，使各仪表处于安全工作状态。

11.7 DKJ1 “2.7” 机采井井喷事故

2008 年 2 月 7 日 6:10，西北油田分公司采油一厂所属的 DKJ1 井油管头右翼管线发生刺漏，采油一厂立即启动应急预案，在抢修过程中，于 6:53 井喷失控。西北油田分公司接到采油一厂的报告后，按井喷失控应急预案要求，各路人马赶赴现场组织实施抢险，在分公司领导的正确领导、决策和指挥下，各处室、兄弟单位的共同奋战，于 2 月 12 日 6:35 压井成功。此次井喷失控的处理历时 119h42min，此次井喷突发事件未造成人员伤亡。

1. DKJ1 井的基本情况

DKJ1 井位于新疆塔里木盆地西达里亚油田三叠系构造高部位的一口检查井。该井由胜利石油管理局渤海钻井总公司 50108 钻井队于 2007 年 4 月 23 日开钻，2007 年 6 月 16 日完钻，完钻井深 4536.0m，完钻层位 T_2a，人工井底 4449.0m。该井测井解释 4412.0 ~ 4424.0m 为油气层，4424.0 ~ 4431.0m 为油水层。生产井段选在 4412.04 ~ 4416.04m，2007 年 8 月 5 日套管射孔，8 月 6 日诱喷成功，8 月 7 日投产，投产初期 6mm 油嘴，油压 6.2MPa，日产液 54.9m^3，日产油 34.8t，含水 35.2%，气油比 182m^3/t，日产气 6327m^3。

生产至 10 月 25 日油压落零停喷，停喷前含水 65%，生产过程中油压逐步下降，含水逐步上升。

该井套管程序 Φ273.1mm，下深 808.92m；Φ177.8mm，下深 4534.28m；7in 套管至井口，套管头规格型号为 $10\frac{3}{4}$in × 7in − 69MPa；该井口承压级别为 35MPa。

2007 年 10 月 30 日对生产层位中油组 4414.04m 处测静压为 42.94MPa，地层压力系数为 0.992，比原始地层压力下降 5.5MPa。

该井 2007 年 10 月 31 日 ~ 11 月 5 日转机抽作业，下入 CYB ~ 70TH 管式泵，泵挂 1508.04m。机抽期间，套压在 0.5 ~ 0.6MPa 之间，回压 0.4 ~ 0.58MPa，产液 80 ~ 33m^3/d，日产油 21.35 ~ 4.85t/d，日产气 6900 ~ 4296m^3/d，气液比 86 ~ 130m^3/m^3，含水 69.3%，平均动液面 200m。机抽累计生产 92d（截至 2 月 6 日），累计产液 3804.1m^3，累产油 809.31t，平均含水 75.34%，气液比 124m^3/m^3。

2. DKJ1 井邻井情况

西达里亚油田中油组为一带凝析气顶的砂岩饱和油藏，储层平均孔隙度 24.4%，平均渗透率 1554.26 × 10^{-3} μm^2，排驱压力 0 ~ 1 × 0.1MPa，饱和中值压力 0 ~ 5 × 0.1MPa。最大连通孔半径分布在 12.5 ~ 30μm，最小非饱和体积分布在 10% ~ 25% 之间，储层强水敏性。

根据油田早期开发测试数据，西达里亚油田中油组气藏的原始凝析气层压力为 48.43MPa，凝析气露点压力为 46.05MPa，凝析气中凝析油含量是 329.8g/m^3，凝析油气油比 2274m^3/t，截至 2007 年 12 月，中油组开采井气油比降到 50 ~ 200m^3/t，属溶解气生产状态。

全油田中油组气顶气地质储量 17.86 × 10^8 m^3，由于区块长期为西北油田分公司和塔里木油田分公司的混采区，从 1992 年开发以来至今，中油组采出程度已经达到 45%，开发过程中油井全部打开气顶，气顶气采出程度达到 60%，中油组油井生产后期含水都达到 90% 以上。

目前，两家油田公司开采中油组的油井 10 口，注水井 5 口，其中塔里木油田分公司油井 7 口，注水井 5 口（注水层位不详）；西北油田分公司油井 3 口（其中 DK12 井上中下油组合采），中油组日产液水平 236t，日产油水平 36. 38t，产气 9157m^3，综合含水率 84%，气液比 39m^3/t。

距 DKJ1 井正东 350m 处的 JF26—3 井是中国石油塔里木油田分公司的一口注水井，2007 年 11 月开始注水，注水量 50m^3/h，注水压力为 15MPa。

3. 事件发生经过

2008 年 2 月 6 日 18:45，西达里亚集输站发现 DKJ1 井进站压力异常升高，经落实为该井井口压力升高。采油一队启动应急预案，对该井进行停机，关闭出油阀门，改油管头右翼装 8mm 油嘴控制生产，套压 4MPa，油压 7. 5MPa，回压 0. 5MPa，有效进行了控制，并安排人员井口值守。20:30 值守人员汇报井口流程立管三通出现刺漏，进行放喷卸压点火，组织人员抢换三通，并准备压井液及压井设备，21:35 更换完三通，同时油管头右翼调整为 12mm 油嘴控制生产，最高套压 7. 5MPa，油压 9. 5MPa，之后压力呈下降趋势，至 2 月 7 日凌晨 1:00，套压降为 5MPa，油压降为 9MPa，油井恢复正常，并安排专人值守观察压力变化情况，同时备压井设备 1 台 700 型水泥车，密度为 1. 14g/cm^3 盐水 120m^3 现场待命，做好压井准备。

2 月 7 日 6:10，油井套压 3. 7MPa、油压 7. 8MPa、回压 0. 6MPa，井口值班人员发现油管头右翼阀门外侧管线本体发生刺漏，立即倒翼，在关右侧油管头阀门时发现阀门内漏，在实施压井准备中。6:25 发现左翼油嘴套本体刺漏，拆除油嘴套，重新抢装压井管线，并成功安装左翼压井管线。同时向西北油田分公司应急指挥中心报警。6:54 油管头右翼阀门本体刺漏严重，致使该井井口失控，无法实施反循环压井作业（该井下入管式泵底部阀为单流阀，不能正循环压井）。

4. 井喷失控事件处理经过

2 月 7 日上午 8:00，西北油田分公司应急中心到达现场，对井口实施喷淋降温，8:45 西北石油分公司领导一行到达现场，按应急预案要求，进行勘察分析后，制定的抢险方案为切割油管头，抢换井口。

第一步清除井口障碍物；

第二步实施水力喷砂切割作业；

第三步抢接采油四通 + 防喷器（全封 +3 $\frac{1}{2}$in 闸板）组合；

第四步实施平推压井作业。

2008 年 2 月 7 日 23:35 井口着火，应急指挥部立即召开现场会对方案进行了补充，即先组织灭火后方案实施。要求一是灭火设备及时到位，制定详细灭火方案；二是备足灭火清水，修建 5000m^3 临时储水池，井场挖排污池，保证大量水打出后排到排污池；三是灭火工作尽量白天进行，灭火前进行一次侦察性试验，火势较小时集中灭火，水炮、泡沫灭火同时进行，确保灭火一次成功，灭火与排污工作应确保协调，及时将污水排出；四是根据火势及走向确定好灭火工作面，确保工作面畅通。

2 月 8 日火势没有降低，火焰从发散着火变为直冲型，抽油机烧软变形，驴头及游梁倒塌在井口周围。临时消防池开始储水，消防水炮动力机组到位，井口排水池修建完毕。

2 月 9 日凌晨 5:30 井口火自动熄灭，立即组织专人进行井口点火作业，由于喷出物以水、砂为主，点火未成功。12:20 完成井口清障工作，并实施第一次水力喷砂切割井口作业，未能成功。

2 月 10 日组织第二次水力喷砂切割井口作业，18:50 切割作业成功。

2 月 11 日 11:41 完成拆油管头残余法兰准备工作，17:40 完成油管头的拆除工作，实施抢装井口作业。

2 月 12 日凌晨 1:30 抢装井口成功，组装压井管汇、放喷管线，连接流程。凌晨 3:45 开始压井，6:35 井口压力为 0，压井成功。

5. 原因分析

（1）该油井处于混采区，因邻井注水导致地层压力升高，油套压力突升，油井气产量短时间内增大，是造成井喷失控的根本原因。

2008 年 2 月 6 日 18:45 DKJ1 井井口压力突然升高，油井自喷，井口压力最高达到 9.5MPa。压力异常主要是气产量和水产量急剧增加所致，估算初期日产气量在 $10\times10^4m^3$ 以上，火自动熄灭后估算气量在（3～5）$\times10^4m^3$。能够造成压力升高的原因只有在 DKJ1 井东面 350m 处的中国石油塔里木油田分公司 JF26－3 井，该井自 2007 年 11 月开始注水，特别是临近春节因其油田污水干化池污水量大，从而增大了注水量，注入压力达 15MPa 左右，导致 DKJ1 井的异常压力。

（2）气产量增大，井筒压力梯度降低，生产压差增加，致使油井大量出砂刺损井口装置，是井口失控的直接原因。

DKJ1 井 2008 年 2 月 6 日压力异常后，当日 19:00 开始由右翼安装 8mm 油嘴控制生产，21:35 更换 12mm 油嘴生产。2008 年 2 月 7 日 6:10，发现油管头阀门右翼管线出现刺漏，关右翼阀门关闭不严，阀槽积砂，无法实施更换作业，导致井口失控。右翼共生产 11h 10min，期间阀门在更换 12mm 油嘴时能够完全关闭，但在 12mm 油嘴生产 8h45min 后关闭不严。其主要原因是油井出砂导致阀门内密封面受损，闸板槽沉砂导致关闭不严。对井喷物作含砂分析结果表明该井事故期间大量出砂。

从该井受损的采油树和井口流程看，全部为地层砂切割导致。

6. 事件性质认定

经综合分析认为这是一起由于在 DKJ1 井东面 350m 处的中国石油塔里木油田分公司 JF26－3 井注水引起该井压力升高，油井大量出砂造成井口装置刺坏的井喷失控突发事件。

7. 事件反思及防范措施

为认真吸取事故教训、总结经验，避免类似突发事件再次发生，2008 年 2 月 12 日分公司召开了 DKJ1 井井喷突发事件分析会，从地质、工艺、采油气日常管理及应急处置等多个角度和层次进行了深入分析，3 月 11 日中国石化副总裁、西北油田分公司经理焦方正主持召开了安全生产委员会，就 DKJ1 井井喷突发事件进一步分析和反思，强调要让每一位员工认识到井喷突发事件的危害性，认识到井控管理及应急处置等方面存在的不足，更进一步强化干部职工的井控意识，并从以下七个方面加强井控管理工作。

（1）加强西达里亚油田油井出砂的监测化验，制定相关防砂治砂工艺技术对策，同时对九区、雅克拉、大涝坝的井进行严密监测，防止地层出砂。

（2）加强与塔里木油田分公司的技术交流和生产信息沟通，对其开发的油井动态及时掌握和分析，尤其要密切关注注水参数的变化。

（3）进一步规范工程工艺设计，从源头上强化井控管理。在地质方案中提出区域、地层、井的异常高压、易出砂的要求，为工艺设计提供科学的依据；在工艺设计中要明确井口压力等级、设备型号和安装要求，要明确作业过程的井控装置的压力等级。

(4) 进一步强化井控管理工作，对西达里亚油田混采区、一区、二区、三区、九区三叠系中油组的油井，三区石炭系的油井需要改变采油方式时要有专井专案，各项保障措施要到位，二区、四区奥陶注水井、压力异常井加密监控，压力上升到一定程度时，要做好压井作业的各项准备。

(5) 各采油气厂要加强采油气生产过程井控的日常管理工作，强化管理力度，对部分机采井井口设备的安装方向、放喷管线进行改造，全面规范其井口设备及地面流程系统。

(7) 加强对承包商钻修井队伍、完井队伍的井控检查和管理，特别加强对新引进钻修井队伍的井控装置的配备、人员的培训进行检查和管理。

(8) 完善应急预案，加大对岗位人员的应急作业培训和井控专项演练的力度。同时针对此次抢险作业暴露的问题，抓紧修定完善各级应急预案，进一步提高西北油田分公司岗位人员操作水平和井控应急作业处理能力。

8. 事件处理

鉴于此次井喷突发事件是该油井处于混采区，因邻井注水导致地层压力升高，油套压力突升，油井气产量短时间内增大，并且地层大量出砂引发的井喷失控事件，经 3 月 11 日西北油田分公司安全生产委员会研究决定，给予该井的管理单位采油一厂通报批评，处罚在年终考核中兑现。

11.8 高低压限位阀自动泄压导致地面安全阀关闭故障分析

1. 故障描述

2010 年 3 月 1 日 ~3 月 6 日，普光 203 集气站井口控制柜高低压限位阀两次自动泄压导致地面安全阀关闭。高低压限位阀先导压力在 48h 内，自动从 110psi 下降到 28psi 时，地面安全阀关闭。有时候高低压限位阀先导压力在白天中午从 110psi 上升到 160psi。

2. 故障判断

从高低压限位阀先导压力表数值可以看出，其数值 28 ~160psi 波动，波动范围加大，主要原因是由高低压限位阀液压油路上的泄放阀存在故障，泄放阀内的密封圈损坏导致液压密闭性不好，不能及时对高低压限位阀泄压和补压，从而触发地面安全阀关闭。

3. 故障处理

更换高低压限位阀液压油路上的泄放阀内的密封圈，重新调节准确泄放参数。

4. 经验教训

及时观察高低压限位阀先导压力值变化，分析故障原因，检查维修，避免地面安全阀多次关断。

11.9 固定式硫化氢探头大面积误报警

1. 现象描述

某集气站出现站场 H_2S 探头大面积报警，报警 H_2S 探头覆盖率井口、加热炉区、火炬分液罐区及收发球筒区。报警 H_2S 探头表现出数值跳变的现象，且报警探头的跳变频率一致。集气站人员当即到达现场对站场管道设备密封点进行检查，未发现漏点。

2. 问题分析

到站场进行细致的验漏未发现漏点，且各探头报警跳变频率一致，且每次报警只持续 1 ~2s。查看记录后发现近期未进行相关的电气施工，因此判断为探头部分探头故障引发其他探头误报。

3. 解决措施

探头报警面积较大，报警的探头均是由 SIS2 机柜供电，因此只能在 SIS2 机柜对每个探头进行断电，通过断电后观察是否仍然报警来判断到底是哪个设备造成。通过逐个断电判断法，将发电机撬块内感温探头供电线拆除后站场各探头均正常，由此找出故障源。

4. 经验教训

本次 H_2S 探头大面积报警系设备故障引起，但是在出现这种情况后，应首先到站场进行确认，在确认无误后方能考虑设备因素。在对设备进行检查时，应找到设备的共同点，以共同点为出发点进行故障排除。

11.10　人机界面示值与现场值误差大故障分析

1. 故障描述

普光 201 站人机界面上显示的 P201 -1、P201 -2、P201 -4、P2011 -3、P2011 -5 井油温、套温、套压值都与现场实际值误差太大，特别是 P2011 -3 的油温在 SCADA 上显示为 25.7℃，而现场实际值为 16.36℃；P2011 -3 的套压在 SCADA 上显示为 0.0MPa，而现场实际值为 422psi。

2. 故障判断

从普光 201 站人机界面各井的油套压、油套温历史数据来看，P201 -1 井的油温在 2010 年 3 月 1 日 15:02 时，就一直处于 16.2℃，至今没有变化。其他各井的油温、套温、套压值在 2010 年 3 月 6 日 14:36 以前有变化（2010 年 3 月 6 日 14:36，UPS 停机，15:30，UPS 恢复运行），15:30 后，数据也有变化，但是，到 15:48 时，各数据基本维持现状无变化。

油套压、油套温值无变化，主要是由 UPS 停机引起的，UPS 停机会连锁井口控制柜 PLC 停运，P201 - PCS 停止数据传输，当 UPS 恢复运行后，数据没有完全恢复。

3. 处理过程

将井口控制柜的 CPU 断电，进行多次重启。

4. 处理效果

数据恢复正常。

5. 经验教训

检查线路，杜绝 UPS 停机故障发生，致使控制数据丢失。

第12章

井控管理标准篇

12.1 川东北酸性天然气采气井井控技术规范（Q/SH 0174—2008）

12.1.1 范围

本标准规定了川东北酸性天然气采气井生产过程中井控技术要求。

本标准适用于川东北酸性天然气采气井生产过程中井控管理、实施及培训。

12.1.2 采气井井控装置

12.1.2.1 井控装置范围

（1）采气井井控装置包括井下井控装置和地面井控装置。

（2）地面井控装置包括各级套管头、采气树、放喷管线、相匹配的闸门组、井口安全阀、地面控制盘、井口监测装置等。

（3）井下井控装置包括井下安全阀、安全阀控制管线等。

12.1.2.2 监测装置要求

（1）高压及含硫化氢采气井各层套管的环空应安装压力监测装置。

（2）含硫化氢采气井应在井口、地面管线各设备的关键部位设置腐蚀监测装置、固定式硫化氢监测装置和明显标志。

（3）监测装置应采用法兰式或丝扣式连接。

（4）监测设备的安全系数和相关参数应高于设备本体的安全系数和参数。

12.1.2.3 井下安全阀要求

井下安全阀应按 Q/SH0025—2006 中 8.7 的相关规定执行。

12.1.2.4 井口装置及井口安全阀要求

井口装置及井口安全阀应按 Q/SH0026—2006 中 5.1.2 执行。

12.1.2.5 地面控制盘要求

地面控制盘宜按 SY 6432—1999 中 6.2.5、6.2.7 相关规定执行。

12.1.2.6 放喷管线及采气闸门组要求

（1）高压及含硫化氢采气井各级套管头宜安装相应防腐材质的防喷管线至放喷口，管线固定应按 Q/SH0022—2007 中 5.3.1、5.3.3 执行。

（2）放喷口宜有自动点火装置，点火装置要定期检查和维修以保证操作正常。

（3）采气闸门组出口为节流阀，其余宜为闸板阀，闸板阀性能、材料、温度、压力等级别与采气树额定工作压力相匹配。

（4）高压及含硫化氢气井井口至采气阀门组间宜安装远控操作阀。

（5）采气闸门组应预留作业口。

12.1.3　生产过程中的井控技术

12.1.3.1　安全阀、采气树闸阀、液控系统的控制

气井正常生产期间，井下安全阀、井口安全阀应保持常开、全开；采气树所有闸阀应保持全开状态；控制系统应不渗不漏。

12.1.3.2　节流控制

气井正常生产期间，应采用针型阀或油嘴进行节流。

12.1.3.3　控制管线和套压的控制

（1）保持安全阀全开的液控管线压力应不低于安全阀处的油压、地面安全阀的开启压力和附加压力之和。

（2）随生产过程中的井温变化，调整井下安全阀控制管线压力处于保持井下安全阀完全开启的压力与控制管线额定压力之间。

（3）生产或作业时，根据油、套环空介质，控制套压既不高于井下工具中实际工作压差的最小值，又不高于套管（含附件）抗内压强度、油管强度、套管头额定压力中最小值的 80%。

（4）生产或作业时，根据油、套环空介质，控制油压既不高于井下工具中实际工作压差的最小值，又不高于油管抗内压和抗外挤强度中最小值的 80%。

12.1.3.4　井口安全阀与井下安全阀的开和关

（1）操作地面控制盘中井下安全阀或井口安全阀的控制部分，将控制管线压力泄至低于井下或井口安全阀的地面关闭压力，实现井下安全阀的关闭。

（2）操作地面控制盘中井下安全阀或井口安全阀的控制部分，将控制管线加压至大于井口关井压力、附加压力和安全阀地面开启压力之和，实现井下或井口安全阀的开启。

12.1.4　井控泄漏及失效的处理

12.1.4.1　井控泄漏

（1）采气树 1 号总闸、各级套管头及采气大四通周边法兰连接处或各级套管头、采气大四通内侧闸阀发生泄漏，宜先将井下安全阀关闭，再更换阀门或钢圈。

（2）采气树 1 号总闸以上采气树各流程部分发生泄漏，应先关闭采气树 1 号总闸，再更换泄漏的管线、闸门或钢圈。

（3）采气树大四通内侧闸门以外的闸门和流程部分发生泄漏，应先关闭采气大四通内侧闸门，再更换泄漏的管线、闸门或钢圈。

（4）井口安全阀本体、采气树至井下安全阀的井下安全阀控制管线、井内油管、封隔器及配套工具等出现泄漏，需要处理时，应先压井，再通过修井提出井内管柱的方法来处理；压井按第 7 章执行；修井按 Q/SH 0021 执行。

（5）采气树至地面控制盘的井下安全阀控制管线出现泄漏，应将控制管线压力降为 0 后，通过更换或修复控制管线来处理。

12.1.4.2 安全阀、地面控制盘失效

（1）井口安全阀无法打开，应关闭采气树1号总闸、泄压后修理或更换井口安全阀。

（2）井下安全阀无法打开，在控制管线完好时宜采用下入钢丝安全阀处理；不具备下入钢丝安全阀条件的，应先压井，再通过修井提出井内管柱的方法来处理；压井按第7章执行；修井按Q/SH 0021执行。

（3）地面控制盘失效，应先泄压，通过更换或校正进行处理。

12.1.5 井喷失控处理

（1）立即佩戴并使用防护器具，启动防空警报。

（2）汇报现场情况，启动预案，人员撤离，疏散周边居民，交通管制。

（3）环境监测，划分安全警戒区，无关人员禁止入内。

（4）应急救援中心洗消、喷淋。

（5）地面井控装置完好条件下井喷的处理：

①检查采气树、井口安全阀、地面控制盘、控制管线密封情况；

②检查采气树、采气闸门组各闸阀的开关状况；

③按规定和指令动用井场设备，对易燃易爆物采取安全保护措施；

④迅速关闭井口安全阀实施关井。

（6）井下井控装置和地面控制盘完好条件下井喷的处理：

①检查井下安全阀控制管线、控制盘及配套设备的密封情况；

②检查控制盘控制井下安全阀部分的压力；

③按规定和指令动用井场设备，对易燃易爆物采取安全保护措施；

④迅速关闭井下安全阀实施井下关井。

（7）现场人员生命受到威胁、井口失控、撤离现场无望时，按含硫化氢天然气井失控井口点火时间（AQ 2016—2008）的规定，15min内实施井口点火。

（8）制定压井措施，实施压井。

（9）生产恢复。

12.1.6 压井

（1）采气过程中，出现异常需要压井时，应先降低井口油压使井底形成较大的压降漏斗。

（2）压井液应按Q/SH0022—2007中4.5执行。

（3）对于建立有效循环通道的采气井，宜采用控制套压的正循环法进行压井。

（4）对于无法建立循环通道的气井，宜采用挤注法压井。

12.1.7 防火、防爆、防硫化氢安全措施

（1）防火、防爆应按SY/T 5225—2005中第5章执行；

（2）采气单位应按相关要求制定防硫化氢措施；

（3）硫化氢监测与人身防护应按SY/T 6277—2005执行；

（4）井喷失控并决定放喷点火时，应按Q/SH 0033—2007中6.2执行；

发生井喷事故应及时上报上一级主管部门，并有消防车、救护车、医护人员和井场值班人员；

控制住井喷后，应对井场逐个岗位和可能积聚硫化氢的区域进行浓度检测，待硫化氢浓度降至安全临界浓度时，人员方能进入。

压力容器、消防等设备配备及相关安全措施应按 SY 6320 中有关规定执行。

（5）建立易燃易爆物品的管理制度，易燃易爆物品的生产、使用、储存及运输应遵守国家相关规定：

气井生产场所严格烟火管理，应配备防火防爆工具；

易燃易爆场所的电气设施、设备应具有防爆功能，易燃易爆场所的生产设备不得超负荷运行，作业人员应使用防爆工具，穿戴防静电防护用品；

易燃易爆场所应安装油气场所防爆等级相适应的防爆电气设备；

在天然气易泄漏、聚集、扩散场所，应安装可燃气体浓度检测报警装置，含硫化氢天然气井，还应安装固定式硫化氢监测装置及报警装置。

12.1.8　采气井控工作责任制及管理维护

（1）厂及所辖单位应成立相应的井控管理领导小组，明确井控管理部门和职责。

（2）厂及所辖单位应制定井控工作内容和相应管理制度，建立井喷和硫化氢泄漏事故逐级报告制度。

（3）厂及所辖单位应成立在井控领导小组指导下工作的井控监督小组。

（4）采气井的日常管理与一般性维护措施应按照气井井口及其他井控装置的操作规程执行。

（5）气井正常生产时，应定时巡检井控装置和录取资料，检查、掌握、分析并记录井口压力和井口装置工况，发现异常情况及时处理，不能处理时立即向上级领导和部门汇报。对于含硫化氢的气井，应采用两人以前后结对方式携带便携式硫化氢监测仪进行巡检，并随身携带硫化氢个人防护用品。

（6）井下安全阀和井口安全阀维护保养应按产品说明书和操作手册进行操作。

（7）井口安全阀应每半年开关试验一次，使其始终处于正常工作状态。

（8）地面控制盘在正常生产期间应每半年进行一次功能检测，使其始终处于正常工作状态。

（9）气井投产前或关井后再次打开前，应检查安全控制系统液控压力，使之保持在安全操作压力范围内。每次巡井时应检查一次液控系统压力，发现异常情况及时处理，将检查情况记入班报表内。

（10）采气树及井口装置应定期维护保养，至少每年注脂一次；高压、含硫气井至少每半年注脂一次，内侧阀门和总阀门，至少每半年要活动一次。

（11）安全阀、压力表应按质检要求检查腐蚀情况，并进行调校或更换。

（12）井口装置、采气树、地面管线及设备应定期涂漆防腐；各节流设备应定期检查腐蚀情况或更换。

（13）采气区每季度应至少进行一次井控演习，含硫化氢气井应进行防硫化氢和井控应急演习。

（14）采气井控装置应定期进行腐蚀状况、配件完整及灵活性、密封性等专项检查和维修保养，并作好记录。

（15）正常生产的气井，应每周检查一次气嘴。

(16) 井口安全阀每年检验一次，应有检验台账。

(17) 压力表应完好，每半年检验一次，并有校验标签。

(18) 采气井试井、排液等施工前，对可能发生的井控泄漏、失效和井喷，应制定相应的应急措施。

12.2 川东北天然气井报废与处置技术规范（Q/SH0035—2006）

12.2.1 范围

本标准规定了川东北天然气井报废的条件，申报、审批程序及管理要求。

本标准适用川东北气田开发和生产单位在申报、审批及管理燃气报废井时使用。

12.2.2 地质报废井的条件

凡符台下列条件之一的，可作为地质报废井申报：

(1) 完钻后未钻遇气层或钻遇情况差，不具有投产采气价值的探井；

(2) 钻井显示产能较高但不具备投产条件的井；

(3) 储集层物性差，试气证实不产气或低产低能，无论采用何种方式开采，产量低于经济极限的井；

(4) 达到废弃压力，无法利用的井：

(5) 失去检查、观察意义，且无其他利用价值的检查井。

12.2.3 工程报废井的条件

凡符合下列条件之一的，可作为工程报废井申报：

(1) 在钻井、完井或作业过程中由于各类井下事故，造成现有工艺技术和经济条件下无法恢复利用的井；

(2) 经作业工序或测井手段证实存在严重套损（如生产过程中由于硫沉积产生氢脆、硫化物腐蚀应力开裂导致的严重套损)，经多种措施仍不能消除隐患．无法利用的井；

(3) 套损井修复费用超过钻更新井总费用，或修复投入大于修复后产出的井。

12.2.4 申报审批程序

(1) 油田分公司各采气厂（公司）地质、工程技术部门及有关科室按报废井申请表的填写要求提供单井生产情况并填写出正式申请表，分别交厂（公司）总地质师、总工程师审查，总会计师会知，并经厂长（经理）签字认可后，上报油田分公司专业管理部门；

(2) 油田分公司专业管理部门负责对申请报废的气井进行核查和技术鉴定，核查鉴定结果由油口分公司总地质师、总工程师审核，总会计师会知，最后由分公司经理签字认可。

(3) 油田分公司经理签字认可后，报中国石油化工股份有限公司主管部门审批并予以资产核销。

12.2.5 报废井的处置

(1) 探井经测试后不具备生产条件，报废后交采气厂（公司）管理。

（2）对有工业气流但不具备投产条件的井，试气结束后，先将井压稳，在气层以上 50m 打易钻桥塞（先期完井天然气井应在套管鞋以上 50m 打易钻桥塞），然后打 50 ~ 100m 灰塞。井口应安装简易井口并装压力表，盖井口房，并定期观察记录。

（3）在不影响气田开发效果的情况下，对无工业开采价值的报废井，先将井压稳。从气层底部至项部（射孔井段）全段注灰，灰面返至气顶以上 200 ~ 300m（先期完井的井应返至套管鞋以上 200 ~ 300m），在井口 200 ~ 300m 处打第二个灰塞（不少于 50m）进一步封井，井口焊井口帽，装放气阀，盖井口房。

（4）存在严重事故隐患影响气田开发生产的井。必须注灰将生产层段全部堵死，并且保证报废后层间流体不互相窜通；对不能保证报废后达到层间流体不窜通要求的，必须对井筒进行先期处理。达到条件后方可通过工艺技术进行报废；如果井筒处理达不到条件，则要采用先进可靠的报废工艺。

（5）封堵施工作业时，应有施工作业设计，并严格审批程序。

（6）其中含硫以上的报废井，井口树立明显、清晰的警示标志。

12.2.6　报废井的后期管理

（1）报废井及其相关资料应由原资产所在单位管理，各种相关资料不得遗弃。

（2）报废井的井口和井筒不得破坏，井位、井号标志在各种平面图上仍应存在，并加特殊标记（○ +）。

（3）报废井所在单位每季度对报废井巡查一遍，发现井口有气体渗露现象应及时进行处理，做到符合安全环保要求。

（4）由于开发条件的变化和工艺技术的进步，部分报废井有可能需要重新恢复利用。报废井的利用需经采气厂（公司）总地质师、总工程师审查，报请上级主管部门审批并备案。

12.3　含硫化氢天然气井失控井口点火时间规定（AQ2016—2008）

12.3.1　范围

本标准规定了陆上含硫化氢天然气井井口失控时确定井口点火条件、点火时间应遵循的基本准则。

本标准适用于陆上含硫化氢天然气井的失控井口点火处置。

12.3.2　点火条件及点火时间

（1）含硫化氢天然气井出现井喷事故征兆时，现场作业人员应立即进行点火准备工作。

（2）含硫化氢天然气井发生井喷，符合下述条件之一时，应在 15min 内实施井口点火：

①气井发生井喷失控，且距井口 500m 范围内存在未撤离的公众；

②距井口 500m 范围内居民点的硫化氢 3min 平均监测浓度达到 100ppm，且存在无防护措施的公众；

③井场周边 1000m 范围内无有效的硫化氢监测手段。

12.4 高含硫化氢性气田气井油层套管超压泄压技术规范 Q/SH10250746—2010

12.4.1 范围

本标准规定了高含硫化氢性气田气井油层套管超压泄压时的条件判断、泄压控制装置及材质要求、泄压流程安装、泄压操作。

本标准适用于高含硫化氢气井下入永久式封隔器，油层套管超压的泄压操作。

12.4.2 超压泄压条件

当油层套管压力达到套管抗内压、油管抗外压、套管头最大安全允许值80%三个值中最小的压力值时，应对气井油层套管安装高含硫化氢气井油层套管泄压控制装置（以下简称泄压控制装置）进行泄压控制。

12.4.3 泄压控制装置及材质要求

12.4.3.1 装置材质要求

（1）泄压流程中所用的阀门、管线、弯头、短节、接头、压力表和针阀等附件，选用抗硫级别EE级材质，压力表选用抗硫级别EE级抗硫压力表。

（2）泄压管线采用Φ78mm或Φ62mm抗硫化氢、二氧化碳油管（90SS）。

（3）节流阀前使用70MPa抗硫化氢、二氧化碳油管（90SS），节流阀后使用35MPa以下抗硫化氢、二氧化碳油管（90SS）。

12.4.3.2 泄压控制装置

（1）高含硫化氢性气田气井油层套管泄压控制装置在主管线上安装压力表、闸阀、温度表、节流阀、针型阀、缓冲式燃烧筒等元件，旁通可连接注液流程，注液流程上的主要设备有闸阀、单流阀。

（2）需要进行油层套管泄压及加注环空保护液时，泄压装置需连接采气树套管阀门外侧；需要压井时，泄压装置连接到采气树非生产翼。

（3）泄压装置末端连接缓冲式燃烧筒，按Q/SH0022—2007中5.1.9的规定执行。

（4）泄压装置中，节流阀上游安装压力表和温度表测量节流前的压力和温度，下游安装压力表测量节流后的压力。

12.4.4 泄压流程安装要求

（1）根据当地风向、居民区、道路、设备区、电力线等设施分布情况设计流程；泄压流程应满足泄压、加注甲醇、压井、节流的需要。

（2）泄压流程应为后期施工预留作业空间、安全通道和抢险通道。

（3）采气树接口、阀门连接时采用法兰连接，节流管汇出口安装泄压管线至放喷池，节流管汇台置放于集气站平台，摆放位置应便于操作且不影响其他施工。

（4）泄压流程固定与试压按Q/SH0022—2007中5.3和5.4的规定执行。

12.4.5　泄压准备与操作

（1）泄压前，放喷池液面应在放喷池高度的 1/3 以下，燃烧筒出口辅火具备两种点燃方式，并准备好两种以上备用的点火方式，在辅火熄灭的情况下引燃排出的可燃气体。

（2）泄压前记录好油管、套管压力，检查压力表，各元件齐全，指针指在零位，并在有效使用期内。

（3）泄压操作。

12.4.6　资料录取

每分钟记录一次油压及油温、油套压力及油套温度和返排物状态（气体、液体），每 5min 记录一次技套压力、表套压力（表 12－1）。

12.4.7　安全环保要求

（1）泄压施工及操作人员资格按 Q/SH0022—2007 中 4. 1 的规定执行。

（2）施工人员安全防护措施按 SY/T6277—2005 中 5. 1. 1 、5. 2. 1 的规定执行。

（3）应急预案按 Q/SH0022—2007 中 4. 12 的规定执行。

（4）划分警戒区域，进行防硫化氢泄漏演练，居民和无关人员撤离至 500m 外。油层套管泄压施工过程中加强放喷池周边的警戒，不允许无关人员进入。

表 12－1　XX 井油层套管泄压资料录取表

<table>
<tr><th>时间</th><th>油压/MPa</th><th>油温/℃</th><th>油层套管压力/MPa</th><th>油层套管套温/℃</th><th>技术套管压力/MPa</th><th>表层套管压力/MPa</th><th>泄压排出物状态气、液</th><th>备 注</th></tr>
<tr><td></td><td></td><td></td><td></td><td></td><td></td><td></td><td></td><td rowspan="5">备注中记录泄压过程的开始和结束时间及其他相关说明</td></tr>
<tr><td></td><td></td><td></td><td></td><td></td><td></td><td></td><td></td></tr>
<tr><td></td><td></td><td></td><td></td><td></td><td></td><td></td><td></td></tr>
<tr><td></td><td></td><td></td><td></td><td></td><td></td><td></td><td></td></tr>
<tr><td></td><td></td><td></td><td></td><td></td><td></td><td></td><td></td></tr>
</table>

思 考 题

1. 报废井如何处置？
2. 含硫化氢天然气井发生井喷后的点火条件和点火时间要求？

注　释

1. Inconel 718：

可沉淀硬化的镍铬合金，也含有一定量的铁、铌和钼，并伴有少量的铝和钛。该合金兼有耐蚀性和高的强度，并具有突出的焊接性，抗焊后破裂。在700℃下具有优秀的抗蠕变断裂强度。应用于燃气涡轮、火箭发动机、航天器、核反应堆、泵、模具。

2. Inconel 625：

镍铬钼合金，该合金添加有铌元素，与钼一起使合金基体变硬，从而在不用热处理强化时就表现出高强度的性能。合金耐各种苛刻的腐蚀环境，特别抗点蚀和缝隙腐蚀。用于化工，航空与海洋工程，污染控制设备以及核反应堆。

3. Incoloy 825：（Inconel 825）

Incoloy 825是钛稳定化处理的全奥氏体镍铁铬合金，并添加了铜和钼。Incoloy 825是一种通用的工程合金，在氧化和还原环境下都具有抗酸和碱金属腐蚀性能。高镍成分使合金具有有效的抗应力腐蚀开裂性。在各种介质中的耐腐蚀性都很好，如硫酸、磷酸、硝酸和有机酸，碱金属如氢氧化钠、氢氧化钾和盐酸溶液。

4. AISI 4130：

合金结构钢。AISI4130是油田生产中一种广泛使用的结构钢，它具有很高的淬硬性。该钢的焊接质量与纬度有关，特别是在野外焊接，纬度能影响焊接方法、过程及焊条的控制。

5. NACE标准MR-01-75：

美国腐蚀工程师协会（NACE）标准认证（MR-01-75）。

6. API 6A标准：

国际标准——对设备的性能、尺寸、性能、功能互换性、设计、材料、测试、检验、焊接、标记、吊装、贮存、装运、采购、维修和大修方面提出的要求和建议。使用范围——石油天然气行业井口设备和采气树。

7. RTU：远程控制终端。

8. SCADA系统：Supervisory Control And Data Acquisition系统。即数据采集与监视控制系统。它可以对现场的运行设备进行监视和控制，以实现数据采集、设备控制、测量、参数调节以及各类信号报警等各项功能。

9. SCS：站场控制系统。主要包括两个子系统：安全仪表系统（SIS），过程控制系统（PCS）。其中安全仪表系统（SIS）包含火气监控系统（FGS）和紧急停车系统（ESD）两部分。

参 考 文 献

1. 肖渊甫．岩石学简明教程（第三版）．北京：地质出版社，2011
2. 刘吉余．油气田开发地质基础．北京：石油工业出版社，2006
3. 张厚福．石油地质学．北京：石油工业出版社，2009
4. 徐开礼．构造地质学（第二版）．北京：地质出版社，2006
5. API 6A－19th ADDENDUM 4 DECEMBER 2008 井口装置和采油树设备规范
6. NACE 标准 MR0175－2002 项目编号 21304
7. 何生厚．高含硫化氢和二氧化碳天然气田开发工程技术．北京：中国石化出版社，2008
8. 刘能强．实用现代试井解释方法．北京：石油工业出版社 2008
9. 卢德唐．现代试井理论及应用．北京：石油工业出版社 2009
10. 王华忠．监控与数据采集（SCADA）系统及其应用（第 2 版）．北京：电子工业出版社，2012
11. 王振明．SCADA（监控与数据采集）软件系统的设计与开发．北京：机械工业出版社，2009
12. 魏克新．自动控制综合应用技术—嵌入式控制器、PLC、变频器、触摸屏、工控机、组态软件的综合应用（第 2 版）．北京：机械工业出版社，2012
13. 李士伦．气田开发方案设计．北京：石油工业出版社，2006
14. 吴方迪，张庆合．色谱技术丛书——色谱仪器维护与故障排除（第二版）．北京：化学工业出版社，2008
15. 方康玲．过程控制与集散系统．北京：电子工业出版社，2009
16. 王斌，邓素萍．生产过程控制系统的设计与运行维护．北京：化学工业出版社，2011
17. 刘合．油田联合站集输系统控制技术．北京：石油工业出版社，2003
18. 潘永东．陆上油（气）田油气集输系统安全风险与控制．北京：中国石化出版社，2009
19. 张凤娥．消防应用技术．北京：中国石化出版社，2011
20. 赵金洲．我国高含 H_2S/CO_2 气藏安全高效钻采的关键问题．天然气工业，2007，27（2）：141～144
21. 张智，施太和．高含硫化氢性气井超临界态 CO_2、H_2S 的相态变化诱发钻采事故探讨．钻采工艺，2007，30（1）：94～95，104
22. 付德奎，郭肖，杜志敏等．高含硫气藏硫沉积机理研究．西南石油大学学报，2009，31（5）：109～111
23. 袁平，李培武，施太和等．超临界二氧化碳流体引发井喷探讨．天然气工业，2006，26（3）：68～70
24. 李春福，王斌，代家林等．超高压高温 CO_2 腐蚀研究理论探讨．西南石油学院学报，2005，27（1）：75～78
25. 张智，付建红，施太和等．高含硫化氢性气井钻井过程中的井控机理．天然气工业，2008，28（4）：56～58
26. KARSTEN PRUESS. Numerical simulation of CO_2 leakage from a geologic disposal reservoir，including transitions from super－to sub－critical conditions，and boiling of liquid CO_2. SPE Journal，2004，9（2）：237～248
27. 杨胜来，魏俊之．油层物理．北京：石油工业出版社，2004
28. 朱自强．超临界流体技术．北京：化学工业出版社，2000
29. 何生厚．普光高含硫化氢性气田开发．北京：中国石化出版社，2010